健康月子餐

34 道懷孕初期養生菜餚 + 50 道月子餐健康料理

鄭至耀 著

鄭至耀

推薦序

　　「坐月子」是中華文化裡值得推崇的精髓之一，在過去的農業社會中，一般普羅大眾除了節慶祭典外，平日很難有機會補充到足夠的肉食，也因此女性在孕期極容易貧血、養份不足，以孕育一次生命來說，懷孕後隨著胎兒的出生，生產過程中母體會多量出血一次；產後 42 天的子宮復原期，又因惡露排出，持續出血；月子期哺餵母乳，又必須每天耗損大量高濃度的養份。從這裡我們知道，孕育孩子真的是特別不容易的一件事！在生產後以強健母體、補充耗損為重點，給予母體足夠且特別的食材調養，就顯得尤為重要，不但能照顧媽媽的健康，也兼顧到嬰兒發育的營養需求，所以說「養胎」、「坐月子」的習俗，是博大精深的中華文化中，值得珍惜推崇的老祖宗智慧，應推廣、造福全世界的婦女。

　　隨著時代的進步，在現今社會幾乎已衣食無缺的情況下，營養匱乏已經不再是問題，若現代人在孕期及產後攝取過量且不均衡的養份，反而對健康有害，坐月子反而在養胖子！因此孕期前後的飲食規劃和餐食料理就相當重要，這本料理書，是懷孕初期及月子餐料理的精華版，不但講究食材營養，在烹調美學上，無論色彩、味道，都有極高境界的藝術講究。我以婦產科行醫三十年的經驗，翻閱過不少月子料理書，看到鄭至耀先生這本書，如同發現一顆璀璨發亮的珍珠，不但自己愛不釋手，且迫不及待地，想立刻推薦給所有的孕媽！

愛麗生集團總裁

潘俊亨 院長推薦

作者序

　　懷胎十月是女人一輩子最牽腸掛肚的時候，從懷孕初期到後期，每個階段需要的營養都不相同，有時噁心、有時食慾大發，又得兼顧一人吃兩人補的原則，確實是一段最需要關照、呵護的時刻。

　　雖然我無法親身經歷孕期前後的甘苦，但身邊總有親朋好友、支持我的讀者詢問孕期飲食的菜單，不外乎是覺得營養搭配規則太多，即使知道要吃什麼，怎麼配得好吃、美味又是另一回事，於是特別希望能藉著我多年的廚藝經驗，以孕期各階段適合的食材，搭配出既營養又美味的料理組合。

　　除了孕期飲食，直到順利生產，為了哺育幼兒、恢復體力，坐月子期間的飲食調養亦不可輕忽，此時最常聽見的困擾不外乎是傳統坐月子飲食的單調、油膩、燥熱，令媽媽們難以下嚥，加上又得開始顧小孩，需耗費更多心神體力，不禁讓人期待，坐月子期間能有美味又營養的餐點。

　　為了女人最重要的 12 個月，我集結了這些年來為新手媽媽們設計的食譜，最大的期盼，就是每位準媽媽們都能在這些食譜中，滿足自己的脾胃，同時也提供孩子完整的營養。

　　我相信，均衡而美味的飲食，能讓人在身心靈面都感到滿足喜悅，這份囊括懷孕初期、坐月子調養期各階段完整規劃的食譜，就是期待能讓更多辛苦的媽媽們，能在一日三餐中，好好犒賞自己的努力與愛，感謝幫忙拍攝的鄭佳豪、楊詩庭、謝富強、張宏甲同學，也希望這份食譜能養育出更多健康、活潑的未來主人翁。

作者謹識　鄭至耀

前言

PART 1 第一單元

懷孕初期

PART 2 第二單元

月子餐

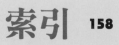

孕事知多少？

懷孕的前三個月是非常重要的階段，這個階段細胞會以驚人的速度分裂，形成寶寶的各種重要器官，在這個階段中，產婦需要均衡的飲食，補充基本的蛋白質、礦物質、維生素，這些營養素對寶寶日後的發育有非常關鍵的影響。

1 葉酸

食物攝取來源

- 綠葉蔬菜：如菠菜、蘆筍、地瓜葉、高麗菜、綠花椰菜、龍鬚菜、小白菜、扁豆等。
- 新鮮水果：如橘子、草莓、櫻桃、香蕉、檸檬、梨等。
- 肉類食品：如雞肉、牛肉、羊肉、動物肝臟。
- 堅果類：如核桃、腰果、榛果等。
- 穀物：如小麥胚芽、糙米等。
- 高葉酸食材：如菠菜、毛豆、茼蒿。
- 另外也推薦如紅蘿蔔、豆類、菇類、聖女番茄等食品。

本書推薦菜品

柴魚龍鬚菜	P.18	蘆筍羊肉片	P.26
蜜漬聖女番茄	P.20	水手豬肝	P.28
榛果雞柳	P.22	胡麻雞絲捲	P.30
拌毛豆杏鮑菇	P.24	什錦野菇糙米飯	P.32

2 蛋白質

食物攝取來源

- 交叉食用雞、牛、豬、魚等肉類,也可搭配攝取蛋、奶、豆類、豆製品,上述都是非常好的蛋白質來源。
- 肉類食品:雞肉、牛肉、豬肉、魚肉。
- 高蛋白質食材:雞蛋。

本書推薦菜品

優格時蔬水果沙拉　P.34

雞茸蒸蛋　P.36

豆酥鮮蚵四季豆　P.38

橙汁里肌捲　P.40

打拋牛肉　P.42

鮭魚豆腐盒　P.44

3 鈣質

食物攝取來源

- 含鈣量高的蔬菜,如芥蘭菜、莧菜、綠豆芽,而牛奶、優酪乳、乳製品、小魚乾、帶骨魚罐頭、牡蠣、豆腐、豆干、豆漿、豆製品、紫菜、芝麻、乾果類也是不錯的營養來源。
- 綠葉蔬菜:芥蘭菜、莧菜、綠豆芽。
- 高鈣質食材:芥蘭菜、芝麻、牛奶。

本書推薦菜品

菜名	頁碼	
銀魚莧菜	P.46	
和風牡蠣如意菜	P.48	
堅果豆干骰子	P.50	
醋拌芥藍	P.52	

4 鐵質

食物攝取來源

- 柴魚片、髮菜、紫菜、貝類、肝臟、瘦肉、紅肉、蛋黃、全穀類、豆類、黑芝麻、紅棗，深綠色蔬菜可從莧菜、菠菜等食物中攝取，或是深色水果，如葡萄、蘋果與櫻桃等。
- 新鮮水果：蘋果、葡萄、櫻桃。
- 高鐵質食材：鵝肉、鴨肉、枸杞。

本書推薦菜品

意式白酒淡菜　P.54
五味九孔鮑　P.56
蛋黃蘋果菠菜　P.58
松子牛肉鬆　P.62
焦糖蘋果鵝肝　P.64
髮菜帆立貝　P.68

5 碘

食物攝取來源

- 海藻、紫菜、海帶（別名昆布）、海魚、菠菜等。
- 綠葉蔬菜：菠菜。

本書推薦菜品

拌昆布絲 P.70	
昆布柴魚佃煮 P.72	
海藻鮭魚湯 P.74	
紫菜炒蝦仁 P.76	

害喜現象

孕婦最會產生害喜現象的時段約在懷孕初期至懷孕 12 週，維生素 B_6 和豐富的食物來源可改善害喜症狀。

採少量多餐的方式進食，並盡量選擇好消化的食物，以不油、不膩、不過鹹為主要的飲食原則，可食用帶有酸甜口感的飲品和食物，正常攝取雞肉、五穀根莖類、糙米及其他全麥穀類、豆類、蛋類改善症狀，蔬菜部份推薦食用高麗菜、青花菜、花椰菜、菠菜；水果部份推薦香蕉、酪梨、芒果、番茄等，上述食物都是維生素 B_6 良好的飲食來源，食用時注意均衡攝取，不可失衡。

本書推薦菜品

| 松子牛肉鬆 P.62 | 焦糖蘋果鵝肝 P.64 | 髮菜帆立貝 P.68 |
| 紅藜酪梨沙拉 P.78 | 紅藜海鮮沙拉 P.80 | 刺蝟雞肉丸子 P.84 |

感受生命的跳動，分享新生的喜悅

懷孕週數 第 1 週 ~ 第 4 週	懷孕月數 第一個月

懷孕第一個月需均衡攝取營養，包括：優質蛋白質、碳水化合物、脂肪、礦物質、維生素、葉酸、鐵、鋅。蛋白質來源主要包括：奶類、蛋類、魚類、肉類。懷孕期間都盡量不要「生食」，食材生食會有衛生隱憂，避開生魚片、非全熟的肉類、蛋製品、沙拉等料理，準媽媽如果嘴饞可採用手做的方式，少量進食，生菜務必完全洗淨才可食用。

第一個月結束前，胚胎約只有 1 ~ 2.5 毫米的長度，在這個階段胚胎細胞將會以驚人的速度分裂，形成寶寶的大腦、神經等重要器官。

懷孕週數 第 5 週 ~ 第 8 週	懷孕月數 第二個月

維生素是胚胎生長發育絕對必需的物質，特別是葉酸、維生素 A、維生素 B 群、維生素 C，新鮮的蔬菜、水果、穀物等，皆可提供各類維生素。建議每兩小時喝 1 杯水，讓體內帶有毒性的物質能及時從尿液中排出。

寶寶的各種器官均已悄悄形成，心臟開始規律的跳動，四肢在這個月開始成長，慢慢可以看出眼睛、耳朵、手腕、足踝的雛形，腦部開始快速發育，在第 8 週時，我們已經能清楚看到寶貝的縮影。

懷胎十月是女人一輩子最牽腸掛肚的時候，從懷孕初期到後期，每個階段需要的營養都不相同，有時噁心、有時食慾大發，又得兼顧一人吃兩人補的原則，確實是一段最需要關照、呵護的時刻。

懷孕週數	懷孕月數
第 9 週 ~ 第 12 週	第三個月

懷孕第三個月，建議攝取優質蛋白質、維生素、葉酸等營養素，如果因為害喜症狀嚴重不想碰葷腥，豆製品也是相當不錯的選擇，維生素 B_6 可以改善害喜症狀，選擇顏色深的綠葉蔬菜，蔬菜富含葉酸、葉綠素、胡蘿蔔素、維生素等，都是孕婦所需的重要營養素。

寶貝現在已經可以稱為「胎兒」了。進入懷孕第三個月後，眼睛、下頜、四肢、手指和腳趾都清晰可辨，並慢慢出現關節雛形，這個月的寶寶的已經可以在羊水中轉頭、吸吮拇指、踢腿、蜷縮腳趾，做一些簡單的動作了。

懷孕週數	懷孕月數
第 13 週 ~ 第 16 週	第四個月

營養必須均衡不可偏食，可攝取包含優質蛋白質、碳水化合物、礦物質、鋅、鈣、維生素等營養素。

寶寶現在已經完全成形，長出細細的胎毛，也會輕輕的打嗝，這是呼吸的徵兆，這個月的寶寶活動力大增，會在子宮裡做許多簡單的動作，但是因為發育還未完善，力氣太小，準媽咪可能沒辦法感受到明顯的胎動。

懷孕週數	懷孕月數
第 17 週 ~ 第 20 週	第五個月

用餐以少量多餐為原則，均衡攝取優質蛋白質、碳水化合物、脂肪、礦物質、 維生素等，建議攝取芝麻、栗子、核桃等堅果類，牡蠣、雞肉等食品。

寶寶在這期間會迅速的成長，大腦會劃分專門的區域發育五感，寶寶會形成視網膜，對光線開始有反應，而此時如果有做產檢的話也應該可以大致分辨出寶寶的性別了！

懷孕週數	懷孕月數
第 21 週 ~ 第 24 週	第六個月

第六個月，可以在原本的飲實基礎上再補充適量的維生素及必須脂肪酸。建議攝取葡萄、柚子、橘子、鵝肝、鴨肝、豬腰、牛肉、菠菜、紅蘿蔔、花生、松子、核桃、冬瓜等，食物攝取要以均衡為原則，不可過量攝取某種營養素。

這個月的寶寶就像是一個迷你版的嬰兒，皮膚皺皺並呈現紅色，已經可以清楚的辨認出五官，聽力也有所發展，建議避免高壓的音樂，播放輕柔、抒情的音樂較為良好。

懷孕週數	懷孕月數
第 25 週 ~ 第 28 週	第七個月

不食用辛辣調料，準媽咪想吃的話也以少量為佳，堅持充分且均衡的攝取營養，豆類含有均衡的蛋白質、維生素、鐵和礦物質。保持心情愉快，均衡攝取瘦肉、魚、奶類、蛋類、豆類等，多吃新鮮的蔬菜水果。

第七個月，這個階段的寶寶全身覆蓋一層細細的絨毛，可以張開眼睛、吸吮手指、踢腿，會自己嬉戲，力氣漸漸增強的他，胎動已經不會讓準媽咪們感受不到了，這個月可以開始了解分娩相關知識，為日後的生產做一些準備與了解。

懷孕週數	懷孕月數
第 29 週 ~ 第 32 週	第八個月

以少量多餐的方式進食，建議攝取優質蛋白質、碳水化合物、維生素、鐵、鈣、必須脂肪酸，準媽咪可以多喝骨頭湯，多吃芝麻、莧菜等，攝取時記得均衡攝取，可以與醫師做洽詢，避免營養不足或過量的情況發生。

第八個月，這時候的寶寶已經很大了，為了適應外在環境，寶貝的皮下脂肪漸漸形成，能夠清楚的看到指甲，也可以在羊水中活動，在這個階段建議每兩週產檢一次，了解生產體位，積極與醫生配合，可從這個月開始整理產後所需物品，將物資安排妥當。

懷孕週數	懷孕月數
第 33 週 ~ 第 36 週	第九個月

第九個月，本月的食物攝取以均衡飲食為主，避免寶寶過重或過輕，讓寶寶達到一個適當的體重，本月建議均勻攝取白米、小米、瘦肉、魚、豆製品、蛋、牛奶、綠色蔬菜、水果等，並且每天飲用 6 ~ 8 杯水。

這個月的寶寶漸漸發育成熟，呼吸、消化系統逐漸完善，皮下脂肪有調節體溫的作用，有助於寶貝適應外在環境，寶寶會越長越胖，不再是一開始皺巴巴的模樣，在這個階段建議每週產檢一次，依狀況即時調整體位，積極配合醫生，做好孕後吃穿用度的物資準備。

懷孕週數	懷孕月數
第 37 週 ~ 第 40 週	第十個月

第十個月，建議營養素為必需脂肪酸、維生素 B_1，必須脂肪酸可滿足胎兒大腦發育，維生素 B_1 可緩解分娩困難，本月應堅持少量多餐的飲食原則，均衡攝取所需營養素，避免單一營養素攝取過量。

寶寶如果是太空人，媽咪就是寶貝的太空裝，堅持 9 個月的妳終於來到這最後一步，小傢伙現在已經可稱為足月兒，這個月寶貝在任何時候都有可能出生，把預產期前後推兩週都是合理的時間，建議媽咪們清點所有需要物品，保持心情愉快，您和寶寶就要見面了！

PART

1

懷孕初期

懷孕的前三個月是非常重要的階段，產婦需要均衡的飲食，補充基本的蛋白質、礦物質、維生素，這些營養素對寶寶日後的發育有非常關鍵的影響。

本書食譜經常會以「勾芡」增加料理的美感與口感，在開始料理前我們先簡單了解勾芡的手法與注意事項。

本書中的勾芡、勾薄芡，意為加入適量太白粉水（或麵粉水）至料理中，翻炒均勻後食物表層會出現輕薄透明的芡汁，是為勾芡。

太白粉水勾芡比例：將太白粉及淨水以 1：1 混合均勻。

麵粉水勾芡比例：將麵粉及淨水以 1：1 混合均勻。

勾芡用量會依食材多寡而有所增減，加太多會太稠，太少則無感，建議初學者先加入少許，慢慢抓手感，培養對份量的敏感度。

懷孕初期推薦食譜／營養成分

龍鬚菜富含鐵質、鋅質及豐富的膳食纖維，是替代紅肉的優質選擇。

柴魚除了含有優質蛋白質，也富含像是維他命、鈣、磷、鉀、礦物質等營養素。

食材的營養成分

柴魚　　蛋白質　維他命　鈣　磷　鉀　礦物質

龍鬚菜　鐵　鋅　膳食纖維

材料圖

材料		醬汁材料	
龍鬚菜	300g	橄欖油	50cc
柴魚片	適量	芥末籽	5g
蒜	5g	糖	3g
紅甜椒	5g	鹽	2g
黃甜椒	10g	粗黑胡椒粉	適量
		檸檬汁	30cc

作法

1 紅甜椒、蒜切末，黃甜椒切段。（圖 1 ~ 2）

2 龍鬚菜洗淨；燒開一鍋水，加入 2g 鹽（配方外），將龍鬚菜入鍋燙熟，黃甜椒絲略燙 5 ~ 10 秒，取出浸泡冰水降溫，降溫後濾乾。（圖 3 ~ 5）

3 將所有醬汁材料加入蒜末、紅甜椒末拌勻成醬汁。（圖 6）

4 以乾鍋小火炒香柴魚片。（圖 7）

5 龍鬚菜切段盛盤，放上黃甜椒絲，將調好醬汁淋上，再放上炒香的柴魚片即可。（圖 8 ~ 11）

懷孕初期推薦食譜／營養成分

聖女番茄富含番茄紅素、維生素A、維生素C、蛋白質、胡蘿蔔素、鉀、礦物質、果酸等等營養素，是一種具有高營養價值的水果。

聖女番茄

維生素A

維生素C

蛋白質

胡蘿蔔素

鉀

礦物質

果酸

材料圖

材料		調味料	
聖女番茄	600g	糖	150g
白酸梅	30g	桂花醬	適量

作法

1 熱鍋放入適量沙拉油加熱至 230 度，將小番茄快速過油，讓番茄皮捲起變黃（或變白），速泡入冰水降溫，剝去番茄皮備用。（圖 1 ～ 4）

→ 也可用一鍋水以大火燒開，放入番茄煮至皮略開，再快速入冰水冷卻去皮，缺點為皮較為難去，番茄果肉較軟。

2 白酸梅加 800g 水（配方外）煮滾後轉小火，煮 15 ～ 20 分鐘後加入糖煮勻，放置冷卻。（圖 5 ～ 7）

3 加入剝皮後的小番茄、桂花醬（煮好的汁份量須泡過番茄），浸泡 6 小時即可食用。（圖 8 ～ 10）

→ 此菜品既營養又開胃，對孕婦食慾上有非常多幫助。

1　　2　　3　　4　　5

6　　7　　8　　9　　10

懷孕初期推薦食譜／營養成分

榛果富含蛋白質、胡蘿蔔素、醣類、多種維生素、鉀、磷、鈣、鐵。

《本草綱目》記載：雞肉「甘，溫，無毒。」；雞肉富含優質蛋白質、維生素 A、礦物質等營養素，是非常不錯的肉類選擇。

食材的營養成分

榛果

蛋白質　鉀
胡蘿蔔素　磷
醣類　鈣
維生素　鐵

雞肉

蛋白質　維生素A
礦物質

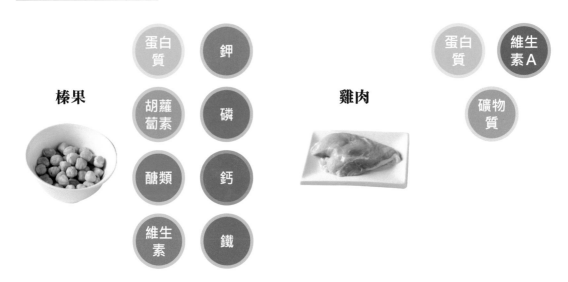

材料圖

材料		調味料	
雞胸肉	300g	白胡椒粉	適量
蛋白	1/2 顆	米酒	15cc
青蔥	8g	太白粉	3g
紅蘿蔔	20g	沙拉油	10cc
柳松菇	80g	鹽	1g
熟榛果仁	60g	糖	0.5g
		紹興酒	10cc
		芝麻香油	適量

作法

1 雞胸肉以刀背輕敲鬆弛,切柳後加入少許鹽(配方外)、白胡椒粉、米酒抓醃,加入蛋白抓勻,加入太白粉抓勻,再加入沙拉油抓拌勻。(圖 1 ~ 4)

➔ 如此便完成上漿步驟,沙拉油有鬆弛肉品的功用,也能輔助肉品在過油時減少結成團的情況。

2 蔥切蔥白、蔥綠段備用;柳松菇切段,紅蘿蔔切片,將兩者川燙備用。(圖 5)

3 熱鍋放入 600cc 沙拉油加熱至 120 度,將雞柳過油,待雞柳泛白(約 8 分熟)即撈起濾乾油。(圖 6 ~ 8)

➔ 食材過油,油量要淹過食材約 2cm 左右。

4 鍋底留少許油爆香蔥白,加入紅蘿蔔片、柳松菇略炒,加入過好油雞柳略炒,加入鹽、白胡椒粉、糖、紹興酒、高湯或水 100cc(配方外)調味炒勻,最後加入蔥綠段勾薄芡,再加入熟榛果仁、芝麻香油翻炒均勻。(圖 9 ~ 11)

5 盛盤即可食用。

懷孕初期推薦食譜／營養成分

杏鮑菇富含蛋白質、維生素、礦物質，其中蛋白質裡面又含有多種人體必須胺基酸，是非常優良的保健食品。

毛豆富含蛋白質、醣類、脂質、鉀、磷、鎂、鈣、鐵、鋅、錳等營養素。

食材的營養成分

杏鮑菇

蛋白質

維生素

礦物質

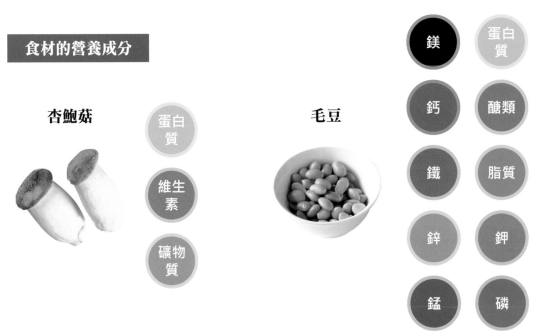

毛豆

鎂　蛋白質

鈣　醣類

鐵　脂質

鋅　鉀

錳　磷

材料圖

材料		調味料	
紅蘿蔔	50g	橄欖油	20cc
杏鮑菇	100g	鹽	2g
乾黑木耳	20g	粗黑胡椒粉適量	
（此為泡開份量）		糖	1g
熟毛豆仁	200g		
蒜	2g		

作法

1 乾黑木耳泡開備用；蒜切末，將黑木耳、杏鮑菇、紅蘿蔔切 1cm 菱形丁（約指甲片大小）。

2 紅蘿蔔丁以水燙煮 2 分鐘，續入杏鮑菇丁燙煮，最後加入黑木耳、毛豆略燙 1 分鐘，熟成後撈出濾乾水份。（圖1～4）

3 將橄欖油、鹽、粗黑胡椒粉、糖、蒜混合均勻。（圖5）

4 取一容皿，將所有燙好食材及調味料拌勻。（圖6～8）

5 盛盤裝飾，即可食用。

懷孕初期推薦食譜／營養成分

在本料理中蘆筍是葉酸的營養成分來源，而羊肉富含蛋白質、脂質、維生素 B_1、維生素 B_2、維生素 E、礦物質等營養素。

羊肉

蘆筍

材料圖

材料		調味料			
羊里肌	300g	鹽	1g	糖	3g
蛋白	1/2 顆	白胡椒粉	適量	紹興酒	適量
鮮菇	1 大朵	米酒	適量	芝麻香油	適量
蘆筍	200g	太白粉	適量		
蒜	5g	沙拉油	10cc		
青蔥	5g	蠔油	10g		
大辣椒	4～5 片	醬油	10cc		

作法

1. 羊里肌切片,加入鹽、白胡椒粉、米酒抓勻,加入蛋白、太白粉抓勻,再加入沙拉油抓勻,上漿備用。(圖 1～2)➔ 沙拉油有鬆弛肉品的功用,上漿也能輔助肉品在過油時減少結成團的情況,片與片較易分離。

2. 蘆筍去除老纖維切段,鮮菇切片狀,蒜切片,蔥切蔥白、蔥綠段,辣椒去籽切片。

3. 鍋子加入適量水,將水燒開,分別燙熟蘆筍段、鮮菇片備用。(圖 3～5)

4. 熱鍋放入 500cc 沙拉油加熱至 120 度,將羊肉片入鍋過油,拌開羊肉片至熟即撈起,濾乾油。(圖 6～7)➔ 食材過油,油量要淹過食材約 2cm 左右。

5. 原鍋留約 15cc 餘油,加入蒜片、蔥白段、辣椒片爆炒香。(圖 8)

6. 加入羊肉片、鮮菇略炒,以蠔油、醬油、白胡椒粉、糖略炒調味,加入蘆筍,加入紹興酒嗆鍋,加入 80cc 高湯或水(配方外)快速翻炒,加入蔥綠段、以適量太白粉水(配方外)勾芡,淋上芝麻香油即可。(圖 9～11)

7. 盛盤即可食用。(圖 12)

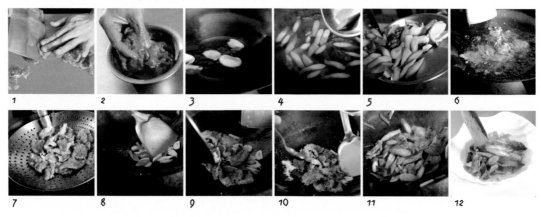

懷孕初期推薦食譜／營養成分

豬肝富含蛋白質、維生素 A、維生素 B、維生素 C、卵磷脂、鈣、鐵、磷等營養素。

豬肝

卵磷脂　蛋白質

鈣　維生素 A

鐵　維生素 B

磷　維生素 C

材料圖

材料		調味料	
豬肝	200g	鹽	適量
菠菜	200g	太白粉	30g
黃甜椒	20g	沙拉油	100cc
蒜	8g	醬油	15cc
薑	10g	白胡椒粉	適量
辣椒	少許	糖	2g
		米酒	15cc/15cc
		芝麻香油	適量

作法

1. 豬肝切 0.5cm 薄片，洗去雜質濾乾水份，撒上 1g 鹽抓勻，加入太白粉抓勻，再加入沙拉油略抓，沙拉油須蓋過豬肝片，放入冰箱 1 小時，利用太白粉及沙拉油鬆弛豬肝。（圖 1）

2. 菠菜洗淨切 5cm 段，黃甜椒、薑切絲，蒜頭切末；辣椒去籽切絲，泡水備用。

3. 煮開一鍋水，放入上好漿的豬肝片，轉小火不停均勻攪動，待豬肝 9 分熟濾乾水份備用。（圖 2）

4. 熱鍋滑油，加入一半蒜末、薑絲爆香，加入菠菜段及黃甜椒絲略炒，加鹽、15cc 米酒、少許水（配方外）調味炒勻後盛盤打底。（圖 3 ~ 4）

5. 熱鍋入油，爆香剩餘一半蒜末、薑絲，轉小火續加入豬肝，先嗆香醬油及白胡椒粉、糖、15cc 米酒調味，加入 100cc 高湯或水（配方外）快速炒勻，以適量太白粉水（配方外）勾薄芡，淋上芝麻香油。（圖 5 ~ 9）

6. 盛盤，將炒好豬肝置於炒好的菠菜上，再放上辣椒絲即可。（圖 10 ~ 11）

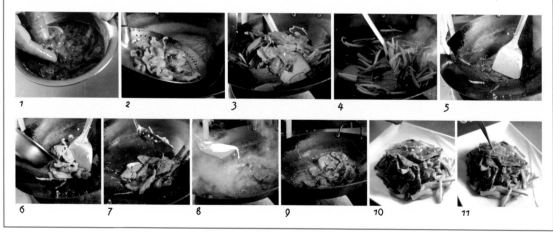

懷孕初期推薦食譜／營養成分

胡麻長久以來被廣泛應用在我國料理中，具有非常高的營養價值。《本草綱目》記載：「胡麻味甘平，主治傷中虛羸，補五內，益氣力，長肌肉，塡髓腦，明耳目，久服輕身不老」。

雞胸肉富含豐富的蛋白質、維生素 B 群。

雞胸肉

蛋白質　維生素 B 群

材料圖

材料		調味料	
蒜	5g	日本胡麻醬	80g
青蔥	20g	冷開水	適量
薑	10g	醬油	10cc
雞胸肉	150g	味醂	55cc
洋菜	10g	芝麻香油	5cc
菠菜	100g	米酒	20cc
紅蘿蔔	30g	鹽	3g
熟白芝麻	2g		
熟黑芝麻	2g		

醬汁調製

蒜切末；將蒜、日本胡麻醬、冷開水充
分拌勻，再加入醬油、味醂、芝麻香油
拌勻備用。

作法

1 蔥、薑略拍，加水蓋過雞胸肉，加入米酒以中火煮滾，轉小火煮 8 分鐘，熄火燜
  3 分鐘，至熟取出雞胸肉放涼，切成絲或撕成絲。（圖 1 ～ 2）

2 洋菜用剪刀剪成 6cm 段泡軟，以一鍋滾水川燙 1 分鐘，取出放涼備用。（圖 3）

3 菠菜洗淨，煮開一鍋水加入鹽，將菠菜入鍋燙熟，浸入冰水降溫(防止葉綠素褐變)，
  待菠菜冷卻降溫，瀝乾水份備用；另將紅蘿蔔切絲川燙，冷卻備用。（圖 4 ～ 5）

4 將濾乾水份的菠菜葉整片切下，菠菜梗切約 8cm 長段。（圖 6）

5 以保鮮膜鋪底，將菠菜葉攤開，數葉攤平交叉重疊，再將雞肉絲、紅蘿蔔絲、菠
  菜梗、洋菜放在菜葉上捲緊。（圖 7 ～ 11）

6 兩端略修平齊，切塊盛盤，淋上醬汁，撒上熟黑、白芝麻即可。（圖 12 ～ 13）

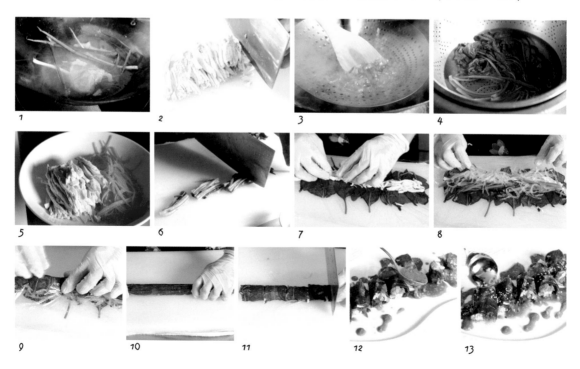

31

懷孕初期推薦食譜／營養成分

稻米脫殼即得糙米，糙米再經過數次碾米即得胚芽米、白米。糙米保留了多種營養物質，包含蛋白質、脂質、維生素B1等，但也因此口感較硬，煮起來比較費時。

食材的營養成分

糙米

蛋白質

脂質

維生素 B_1

材料圖

材料		調味料	
糙米	200g	橄欖油	5cc
紫米	20g	鹽	適量
杏鮑菇	40g		
鮮菇	40g		
鴻喜菇	40g		
紅甜椒	30g		
黃甜椒	30g		
牛番茄	1 顆		

作法

1 糙米、紫米洗淨泡水4小時,濾乾備用。(圖1)

2 菇類洗淨切條,紅、黃彩椒切條,牛番茄洗淨,一開八備用(切成八瓣)。(圖2～6)

3 將泡好的米加入淨水 300cc(配方外)放入內鍋,再將所有食材放上,加入橄欖油、鹽至內鍋,外鍋加入 200cc 水煮至電鍋跳起,跳起後,外鍋再加入 200cc 水,煮至電鍋跳起續燜 15 分鐘,熟成即可食用。(圖7～11)

懷孕初期推薦食譜／營養成分

水果富含非常多營養成分，包含維生素、礦物質、纖維質等營養素。

食材的營養成分

水果

維生素

礦物質

纖維質

材料圖

材料

蘿蔓	80g	綜合芽菜	30g
小黃瓜	15g	熟榛果	15g
小番茄	25g		
蘋果	60g	**醬汁**	
鳳梨	50g	優格	80ml
火龍果	50g	蜂蜜	12g

醬汁調製

將優格、蜂蜜拌勻，放入冰箱冷藏備用。（圖 1 ~ 2）

1　　　　　2

作法

1 將所有食材分別洗淨，小番茄對切，蘿蔓切段，小黃瓜切斜片，小黃瓜及蘿蔓泡冰開水備用。（圖 3 ~ 6）

2 水果去皮，分別切塊備用。（圖 7 ~ 8）

3 取乾淨盤子依序排入蘿蔓、小黃瓜、小番茄、水果，淋適量蜂蜜優格醬，放上綜合芽菜。（圖 9 ~ 11）

4 再淋上蜂蜜優格醬，最後撒上熟榛果即可。（圖 12）

3　　　4　　　5　　　6　　　7

8　　　9　　　10　　　11　　　12

懷孕初期推薦食譜／營養成分

雞蛋含豐富的蛋白質、維生素 A、維生素 D、維生素 E、卵磷脂、礦物質等營養素。

食材的營養成分

雞蛋

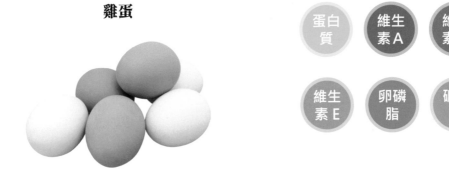

蛋白質　　維生素 A　　維生素 D

維生素 E　　卵磷脂　　礦物質

材料圖

材料		調味料	
雞胸肉	150g	鹽	1g
白果（銀杏）	6 粒	白胡椒粉	適量
雞蛋	4 顆	米酒	15cc
香菜	1 小株	太白粉	適量
芹菜	5g	沙拉油	200cc
鮮菇	1 朵	（雞茸過油用）	
紅甜椒	適量	芝麻香油	適量
		雞高湯	390cc/100cc

作法

1 雞胸肉洗淨切成小粒狀，加入適量鹽、白胡椒粉、米酒、太白粉上漿（上漿約 15 分鐘），以油溫 75 ～ 80 度過油備用（此為雞茸）。（圖 1 ～ 3）

2 白果川燙至表皮略開，取出冷卻，每粒切 6 ～ 7 片備用。（圖 4）

3 香菜取梗的部份切細末；芹菜、紅甜椒切細末，分別川燙備用。（圖 5 ～ 6）

4 鮮菇洗淨，川燙後取出冷卻，切細密刀（一邊不切斷備用）；取一株沒切的裝飾用香菜梗川燙備用。（圖 7）

5 蛋打勻，加入 390cc 高湯過濾，加入雞茸、適量鹽，入蒸籠以小火蒸 15 分鐘，至熟取出。（圖 8 ～ 9）

6 將整株香菜梗、鮮菇、白果排在蒸蛋上。（圖 10 ～ 11）

7 另取高湯 100cc 調味後勾芡，加入香菜、芹菜細末，淋上芝麻香油。（圖 12）

8 將芡汁淋在蒸蛋上，擺上紅甜椒細末即可。（圖 13）

懷孕初期推薦食譜／營養成分

鮮蚵含維生素、礦物質、鋅等含量豐富的微量元素。四季豆富含維生素 C、鐵質、膳食纖維等營養素。

食材的營養成分

鮮蚵

維生素 礦物質 鋅

四季豆

維生素 C 鐵 膳食纖維

材料圖

材料		調味料	
四季豆	200g	太白粉	20g
紅蘿蔔	30g	鹽	適量
鮮蚵	80g	沙拉油	40cc
豆酥	40g	米酒	15cc
青蔥	15g	番茄醬	5g
		糖	3g
		芝麻香油	3cc

作法

1 四季豆去除老纖維，紅蘿蔔切成長 6cm 的細長條，蔥切蔥花，蔥白蔥綠分開。

2 鮮蚵洗淨，沾裹太白粉。（圖1）

3 煮開一鍋水，加入適量鹽燙熟四季豆、紅蘿蔔，濾乾置於盤皿，接著燙熟鮮蚵，濾乾置於紅蘿蔔上。（圖2～5）

4 熱鍋加入沙拉油，加入豆酥以中火炒至發（不可炒到變黑），炒發後加入蔥白、米酒、番茄醬、糖調味。（圖6～9）

5 起鍋前加入蔥綠、芝麻香油翻炒；將炒好的豆酥淋上鮮蚵及四季豆即可食用。（圖10）

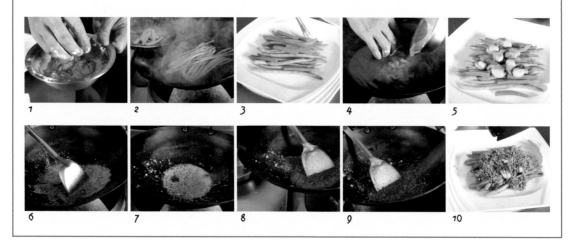

懷孕初期推薦食譜／營養成分

豬里肌肉富含蛋白質、維生素、礦物質。柳橙中含豐富的維生素 C，是純天然的抗氧化劑。鳳梨富含維生素、有機酸、天然膳食纖維。火龍果營養豐富，是一種低熱量、低脂肪、高纖維的水果。

食材的營養成分

豬里肌肉	柳橙	鳳梨	火龍果
蛋白質　維生素	維生素 C	維生素　有機酸	高纖維
礦物質		膳食纖維	

材料圖

材料		調味料	
豬里肌肉	200g	米酒	30cc
鳳梨	100g	白胡椒粉	1g
火龍果	100g	鹽	適量
柳橙	2 顆	糖	10g
檸檬	1/2 顆	太白粉	適量
紅甜椒	30g	沙拉油	300cc
水滴豆（或毛豆仁）	8g	（油炸用）	
低筋麵粉	60g		
雞蛋	2 顆		
麵包粉	80g		

作法

1 豬里肌肉去筋，切 0.5cm 薄片，用搥肉棒將里肌肉鬆弛（肉才不會柴），醃米酒、白胡椒粉、鹽備用。（圖 1 ～ 3）

2 將鳳梨果肉、火龍果肉分別切 1.5cm 高、6cm 長備用；檸檬、柳橙分別取汁，紅甜椒切小丁備用。

3 醃好里肌肉片攤平，放入火龍果、鳳梨果肉捲起。（圖 4）

4 將水果里肌捲沾低筋麵粉，把多餘的粉輕輕拍除，再沾上打勻蛋液、沾裹麵包粉。（圖 5 ～ 7）

5 燒開一鍋水加入少許鹽，將紅甜椒、水滴豆燙熟。（圖 8）

6 另準備鍋子加入柳橙汁及適量清水（配方外），加入少許鹽、糖、檸檬汁，煮開後勾芡，注意不可太濃稠。（圖 9）

7 起油鍋 160 度，將水果里肌捲入鍋炸 3 分鐘至熟，濾乾油。（圖 10 ～ 11）

8 將煮好橙汁先淋在盤上，再放上炸好里肌肉捲，撒上紅甜椒丁、水滴豆，裝飾即可。（圖 12）

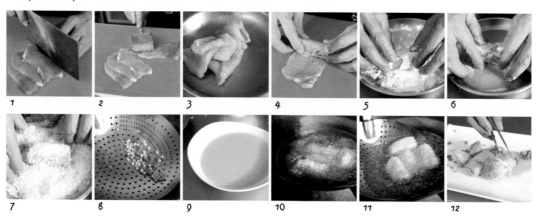

懷孕初期推薦食譜／營養成分

牛肉富含蛋白質、維生素 A、維生素 B 群，並且含有豐富的鐵質。

食材的營養成分

牛肉

蛋白質

維生素 A

維生素 B 群

鐵

材料圖

材料		調味料	
牛絞肉	250g	米酒	15cc
雞蛋	1 顆	魚露	15cc
洋蔥	60g	醬油	15cc
蒜	8g	醬油膏	1 大匙
小番茄	8 個	檸檬汁	10cc
辣椒	1 支	白胡椒粉	適量
長豆	60g	糖	適量
打拋葉（或九層塔）	30g		

作法

1 打散一顆蛋，將牛絞肉與蛋汁混勻備用。（圖 1 ～ 2）

2 洋蔥、辣椒、蒜切碎，小番茄對半切，長豆切 1cm 小段（燙過備用），九層塔取葉備用。（圖 3 ～ 5）

3 起油鍋以中火熱鍋，牛絞肉下鍋拌炒，加入一大匙米酒，翻炒至七分熟，起鍋備用。（圖 6 ～ 7）

4 原鍋下適量沙拉油，以中小火炒香洋蔥、蒜，洋蔥碎炒至透明後加入小番茄、辣椒拌炒，加入長豆。（圖 8 ～ 9）

5 加入牛絞肉拌炒。（圖 10）

6 加入剩餘調味料拌炒至牛肉熟透，最後放入打拋葉翻炒均勻即可。（圖 11 ～ 12）

懷孕初期推薦食譜／營養成分

鮭魚含有蛋白質、Omega-3 脂肪酸、維生素 B 群、維生素 D、維生素 E、鈣、鐵等營養素。

豆腐含有蛋白質、維生素 E、卵磷脂、鈣。

食材的營養成分

鮭魚

維生素 E	蛋白質
鈣	Omega-3 脂肪酸
鐵	維生素 B 群
	維生素 D

材料圖

豆腐

卵磷脂	蛋白質
鈣	維生素 E

材料

板豆腐	300g	荸薺	20g
鮭魚	120g	青蔥	15g
洋蔥	50g	綠花椰菜	50g
		紅蘿蔔	50g

調味料

鹽	少許
米酒	15cc
粗黑胡椒粉	適量
沙拉油（炸豆腐用）	500cc
麵粉（封口用）	10g
醬油	30cc
白胡椒粉	少許
糖	3g
太白粉	適量

作法

1 鮭魚去除魚骨、魚皮，將鮭魚肉切成 0.5cm 小丁，加鹽及米酒略醃備用。（圖 1）

2 洋蔥切末，荸薺切 0.5cm 小丁，青蔥切斜段，分出蔥白、蔥綠。

3 起油鍋炒香洋蔥末，加入粗黑胡椒粉拌炒。

4 加入鮭魚肉、荸薺拌炒，加入少許鹽拌勻成內餡。（圖 2）

5 綠花椰菜去除老梗，紅蘿蔔以挖球器挖成小球狀，將紅蘿蔔球以水煮熟、綠花椰菜燙熟備用。（圖 3 ~ 4）

6 板豆腐切塊（約 5×5cm），起一鍋炸油，以 220 度將板豆腐炸至表皮變硬。（圖 5 ~ 6）

7 以小刀將豆腐表面切出「ㄇ」字形，將豆腐翻開，內裏小心挖出。（圖 7 ~ 9）

8 鮭魚餡填入豆腐盒內，麵粉與水調成麵糊，將豆腐口封好（將麵粉及水以 1：1 的比例調合，即為麵糊。）。（圖 10 ~ 12）

9 板豆腐放在漏勺上，用炒勺將鍋中熱油反覆舀起淋於麵糊上，將豆腐口封好。（圖 13）

10 起油鍋爆香蔥白，熄火，醬油沿鍋邊下，嗆出醍糊味，續加適量高湯（配方外）、白胡椒粉，將豆腐盒放入鍋中，再加入高湯（配方外）蓋過豆腐 2/3，燒開，轉小火加入糖、蔥綠煮 5 分鐘。（圖 14 ~ 15）

11 豆腐盒取出擺盤，排上紅蘿蔔球、綠花椰菜，將鍋中豆腐汁芶芡，淋在豆腐盒上即可。（圖 16）

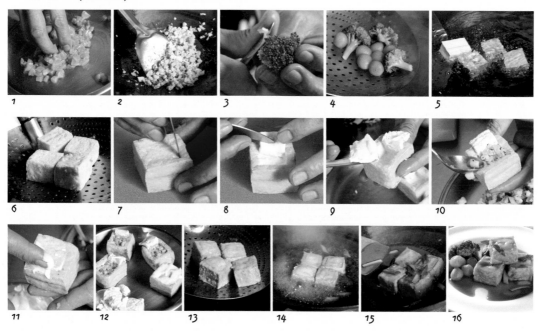

懷孕初期推薦食譜／營養成分

銀魚是一種高蛋白、高鈣質、低脂肪食的魚類。

莧菜富含維生素 A、維生素 B、維生素 C、礦物質、鈣、鐵、磷等營養成分。

銀魚

莧菜

材料圖

材料		調味料	
蒜	5g	沙拉油	15cc
莧菜	150g	雞高湯	400cc
銀魚	30g	米酒	20cc
蟹肉	3 條	鹽	適量
雞蛋	1 顆	白胡椒粉	適量
		太白粉	8g
		芝麻香油	適量

銀魚莧菜

懷孕初期推薦食譜

作法

1 莧菜洗淨入滾水川燙，撈起泡冰水降溫，取出切段備用。（圖 1 ～ 3）

2 雞蛋打勻，蒜切末備用。（圖 4）

3 蟹肉用手撕成絲備用，銀魚炒香備用。（圖 5 ～ 6）

4 熱鍋加入沙拉油爆香蒜末、銀魚，加入莧菜略炒，加入高湯、米酒、蟹肉絲。（圖 7 ～ 9）

5 煮開，放入鹽、白胡椒粉調味，煮勻後以太白粉水勾芡，淋上蛋液，起鍋前滴上芝麻香油即可。（圖 10）

懷孕初期推薦食譜／營養成分

牡蠣富含牛磺酸。

豆芽菜又名如意菜，豆芽中的維生素 A 可提高人體免疫系統保健功能。

材料圖

材料		調味料	
綠豆芽菜	150g	鹽	2g
牡蠣	150g	太白粉	適量
小黃瓜	50g		
乾黑木耳	20g		
（此為泡開份量）			
紅甜椒	20g		

48

醬汁調製

材料

日式胡麻醬 70g	蒜	5g
味醂 60cc	柴魚昆布高湯	15cc
芝麻香油 15cc	檸檬	1/2 顆
醬油 40cc	熟白芝麻	2g

➜ 柴魚昆布高湯做法：

將 10cm 昆布與 2000cc 水一起煮至呈微黑、呈現墨綠色後關火，加入一大把柴魚片浸泡 5 分鐘，最後過濾即可。

1 檸檬擠汁備用，蒜切末；將日式胡麻醬、味醂、芝麻香油攪拌均勻。（圖 1）

2 加入醬油、蒜末、柴魚昆布高湯、檸檬汁及熟白芝麻拌勻成和風醬。（圖 2）

作法

1 乾黑木耳泡開備用；將小黃瓜、黑木耳、紅甜椒分別切絲備用。（圖 3）

2 綠豆芽菜洗淨；準備一鍋水煮開加鹽，將綠豆芽菜燙熟，黑木耳絲、紅甜椒絲、小黃瓜絲分別燙過冷卻。（圖 4 ~ 7）

3 牡蠣洗淨，輕輕抓裹太白粉入滾水川燙至熟，撈起泡冰水降溫，取出備用。（圖 8 ~ 9）

4 盤皿分別放入燙過食材，再將燙熟牡蠣放於蔬菜上，淋上醬汁即可食用。（圖 10 ~ 11）

懷孕初期推薦食譜／營養成分

豆干富含植物性蛋白質。

堅果富含蛋白質、礦物質、食物纖維。

食材的營養成分

豆干

堅果

蛋白質

蛋白質

礦物質

食物纖維

材料圖

材料		調味料	
黑豆干	2 塊	沙拉油	400cc
（約 160g）		（油炸用）	
香菜	5g	水	150cc
熟白芝麻	2g	糖	70g
綜合堅果	30g	麥芽	10g
		醬油	30cc
		梅林辣醬油	8cc

作法

1 黑豆干洗淨切成 2cm 四方丁，香菜一部份切末備用，保留頂端葉子。(圖 1 ~ 2)

2 起油炸鍋加熱至 180 度，將黑豆干丁入鍋炸，轉小火炸 3 分鐘至表皮硬，起鍋前開大火把油逼出 (須特別注意勿炸焦黑)。(圖 3 ~ 4)

3 準備一個乾鍋，加入水、糖、麥芽以小火煮至稠，加入醬油煮約 4 分至糖汁濃稠，加入梅林辣醬油。(圖 5 ~ 8)

4 加入炸好黑豆干丁拌勻，均勻撒上香菜末、熟白芝麻，最後放上綜合堅果、香菜葉擺盤，即可食用。(圖 9 ~ 14)

芥藍富含維生素 C、胡蘿蔔素、硫代葡萄糖甘、膳食纖維。

食材的營養成分

芥藍

 維生素 C

 胡蘿蔔素

 硫代葡萄糖甘

 膳食纖維

材料圖

材料		調味料	
薑	10g	水果醋	60cc
紅甜椒	10g	糖	6g
黃甜椒	10g	鹽	3g
芥藍菜	300g	粗黑胡椒粉	0.3g
紫山藥	50g	芝麻香油 （或橄欖油）	30cc
白山藥	50g		

醬汁調製

1 薑、紅甜椒、黃甜椒切末備用。（圖 1）

2 將薑末、紅甜椒末、黃甜椒末、水果醋、糖、鹽 0.3g、
粗黑胡椒粉、芝麻香油調勻成醋汁備用。（圖 2）

作法

1 將芥藍菜去除老纖維粗皮，切約 6cm 段抓醃適量鹽出青，去澀 10 分鐘後以冷開水
洗去鹽分備用。（圖 3 ~ 5）

2 紫山藥、白山藥削皮，分別切成 0.5cm、四方長 6cm 的細條狀。（圖 6）

3 煮開鍋一水加入剩餘的鹽，川燙芥藍菜至熟，川燙雙色山藥 1 分鐘，撈出泡冷開
水降溫，濾乾水份。（圖 7 ~ 8）

4 將芥藍菜、雙色山藥放入容皿，拌入調好的醋汁即可食用。（圖 9 ~ 10）

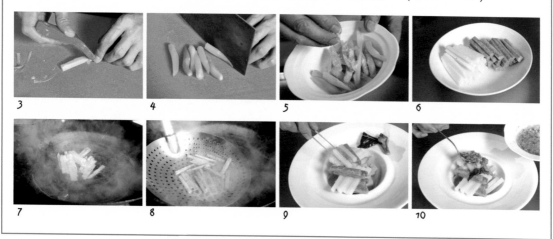

懷孕初期推薦食譜／營養成分

淡菜是一種貝類，不僅富含多種人體必需胺基酸，也包括蛋白質、維生素、礦物質等營養成分。

食材的營養成分

淡菜

胺基酸

蛋白質

維生素

礦物質

材料圖

材料		調味料	
洋蔥	40g	橄欖油	30cc
蒜	15g	白酒	50cc
牛番茄	1 顆	鹽	1g
熟淡菜	300g	白胡椒粉適量	
新鮮巴西利葉	2g		

作法

1 熟淡菜洗淨浸泡清水，去除沙子及雜質。

2 牛番茄切小丁，洋蔥、蒜切末，巴西利葉切碎備用。（圖 1 ～ 3）

3 熱鍋入橄欖油炒香洋蔥，續加入蒜末、牛番茄，炒至香味出來。（圖 4 ～ 5）

4 加入淡菜略拌炒，加入白酒，蓋上鍋蓋燜 3 分鐘。（本作法為生淡菜做法，熟的就不用燜蓋，調味後燒至入味即可）（圖 6）

5 掀開鍋蓋，以鹽、白胡椒粉調味，拌勻後加入巴西利葉碎，盛盤即可。（圖 7 ～ 10）

1　2　3　4　5

6　7　8　9　10

懷孕初期推薦食譜╱營養成分

九孔含蛋白質、礦物質，富含鉀、鈣、鐵、鈉、磷等。

食材的營養成分

九孔

 蛋白質

 礦物質

 鉀

 鈣

 鐵

 鈉

磷

材料圖

材料		五味醬材料	
九孔鮑	5 粒	辣椒	5g
南瓜	20g	香菜	15g
玉米筍	3 ~ 4 支	蒜	30g
綠花椰菜	30g	薑	30g
青蔥	2 支	白醋	30g
薑	5g	番茄醬	50g
		糖	30g
		梅林辣醬油	5cc
		冷開水	30cc

醬汁調製

1 辣椒、香菜、蒜、30g 薑分別切末。

2 將辣椒末、香菜末、蒜末、薑末、白醋、番茄醬、糖、梅林辣醬油、冷開水，調勻成五味醬備用。（圖1）

1

作法

1 南瓜洗淨去皮，切塊備用，綠花椰菜切去老纖維修成小朵。（圖2～3）

2 將玉米筍外圍筍殼剝除，留內圈3～4葉不剝。

3 燒開一鍋水加入少許鹽，分別燙熟綠花椰菜、南瓜（南瓜也可用蒸的），原鍋水煮熟玉米筍。（圖4～5）

4 原鍋水加入青蔥、薑，煮至蔥、薑變色，加入九孔鮑，待其收縮1/5即撈出，浸泡冷水降溫。（圖6）

5 將九孔鮑去腸、嘴部洗淨。（圖7～10）

6 所有食材盛盤，淋上五味醬即可食用。（圖11～14）

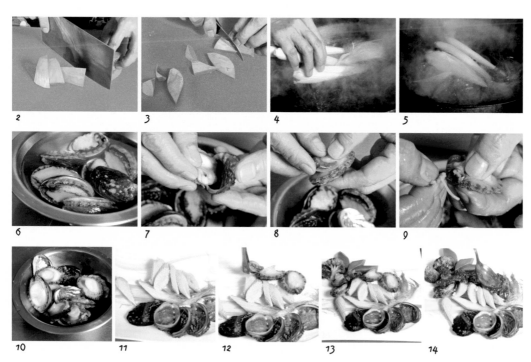

2　3　4　5

6　7　8　9

10　11　12　13　14

懷孕初期推薦食譜／營養成分

蘋果富含維生素 B、維生素 C 及鉀、鈣、磷、鐵等營養成分。

菠菜富含膳食纖維、葉酸，而膳食纖維可以促進腸胃蠕動幫助排便。

食材的營養成分

蘋果

維生素 B　維生素 C　鉀　鈣　磷　鐵

菠菜

膳食纖維　葉酸

材料圖

材料		調味料	
菠菜	80g	無鹽奶油	5g
馬鈴薯	80g	鮮奶	50cc
蘋果	1 顆	鹽	適量
煮熟蛋黃	1 個	糖	1g
葡萄乾	少許	白胡椒粉	少許
櫻桃	2 顆		
熟松子	30g		

作法

1. 馬鈴薯洗淨去皮，入蒸籠蒸軟熟，過篩備用；熟蛋黃分別過細篩備用。（圖 1～4）

2. 燒一鍋水加入少許鹽，將菠菜葉燙 2 分鐘，取出浸泡冰開水降溫，濾乾水分，將葉、梗切離備用。（圖 5）

3. 蘋果去皮切條，泡鹽水備用；櫻桃去籽切成 6 小舟（6 小瓣）備用。（圖 6～7）

4. 熟松子以烤箱 75 度烤 5 分鐘，再將松子香味喚出來（或用乾鍋，以小火再將熟松子焗香）。

5. 取平底鍋放入無鹽奶油加熱，加入馬鈴薯泥，加入鮮奶、鹽、糖、白胡椒粉調味煮勻，小火攪拌均勻。（圖 8～9）

6. 待馬鈴薯泥降溫，加入部分熟松子拌勻。（圖 10）

7. 菠菜葉攤平，放上馬鈴薯泥、蘋果條捲起，將頭尾略修平整對切。（圖 11～14）

8. 盛盤，放上過細篩蛋黃、葡萄乾、櫻桃、剩餘熟松子即可。（圖 15～16）

懷孕初期推薦食譜／營養成分

松子是常見的堅果之一，有「長壽果」的美譽，備受推崇。松子有豐富的維生素、礦物質，其含油脂約 70％，大多為亞油酸、亞麻酸等不飽和脂肪酸。

松子

材料圖

材料		調味料	
牛里肌肉	150g	白胡椒粉	適量
蛋白	1/2 顆	鹽	2g
青蔥	15g	米酒	30cc
紅蘿蔔	40g	太白粉	適量
鮮竹筍	80g	沙拉油（過油用）	300cc
荸薺	20g		
芹菜	30g		
熟松子	15g		
美生菜	5 葉		

作法

1 牛里肌肉切米粒狀，以白胡椒粉、鹽、米酒略抓醃，接著加蛋白混勻，加入太白粉抓勻，最後加入適量沙拉油（配方外）抓勻，入冷藏讓牛肉入味，鬆弛 15 分鐘備用。（圖 1 ～ 2）

2 熟松子用烤箱 75 度烤 5 分鐘，將松子香味喚出來。（或以乾鍋小火，再將熟松子焗香）

3 鮮竹筍煮熟去除苦味，放涼冷卻切成米粒狀。

4 荸薺略拍切成米粒狀，用餐巾紙壓去部分水份。

5 紅蘿蔔切米粒狀川燙備用，芹菜、青蔥切珠，將蔥白、蔥綠分開。（圖 3）

6 美生菜葉用剪刀修剪成直徑 10cm 左右圓葉狀，與冷開水浸泡。（圖 4）

7 起鍋將沙拉油加熱至 75 度後關火，加入牛肉碎，以筷子快速劃圈將牛肉碎攪散，至牛肉呈現泛白、8 分熟撈起備用；荸薺放在濾網，舀起鍋中的油沖淋荸薺，濾乾油漬備用。（圖 5 ～ 6）

8 原鍋留約 15cc 油，以小火炒香蔥白，續加入紅蘿蔔、鮮竹筍、荸薺、牛肉碎，轉中火調味翻炒，以少許太白粉水芶水芡，起鍋前加入芹菜、蔥綠，撒上熟松子即可。（圖 7 ～ 8）

9 食用時將生菜葉擦去水份，包覆牛肉鬆一起食用。

→ 此道菜如果不吃牛肉者，也可換成豬肉或雞肉。

1 2 3 4
5 6 7 8

懷孕初期推薦食譜／營養成分

鵝肝具有蛋白質、維生素 C、鐵、硒等營養物質。

食材的營養成分

鵝肝

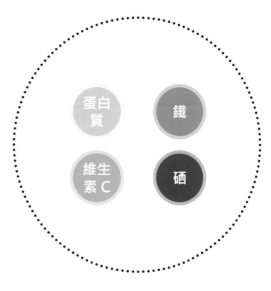

蛋白質　鐵　維生素 C　硒

鵝肝是法國頂級美食之一，與
松露、魚子醬並列為「世界三
大珍饈」。

材料圖

材料

材料	
鵝肝（或鴨肝）	200g
蒜	5g
紅蔥頭	5g
新鮮百里香	少許
月桂葉	1 片
草莓	2 顆

調味料

調味料			
鹽	4g	無鹽奶油	10g
白胡椒粉	4g	白蘭地	10cc
糖	16g	白波特酒	10cc

焦糖蘋果作法

焦糖蘋果材料

蘋果	1 顆
糖	30g/40g
檸檬汁	20cc/20cc
無鹽奶油	20g
白酒	50cc
荳蔻粉	少許

作法

1 鵝肝洗淨擦乾，以剪刀去除白筋。（圖 5）

2 將鵝肝、蒜末、紅蔥頭末、百里香、月桂葉、鹽、白胡椒粉、糖抓醃冷藏約 60 分鐘。（圖 6 ~ 7）

3 起鍋以中火預熱，取無鹽奶油入鍋融化，放入鵝肝慢煎兩面（共約 4 ~ 5 分鐘），直到內部切開呈粉紅色。（圖 8 ~ 9）

4 取出月桂葉，倒入白蘭地、白波特酒於鍋中，煮滾並略微收汁。（圖 10 ~ 11）

5 取出新鮮百里香剃除粗梗，將百里香葉子、鵝肝、鍋中的汁水、香料一併倒入食物調理機，再加入 20g 無鹽奶油，全部打碎。（圖 12）

6 鵝肝醬打勻後，以玻璃紙及鋁箔紙捲成筒狀，壓緊冷藏 1 小時，至其凝結。（圖 13 ~ 16）

7 切片，沾取適量配方外麵粉煎至上色。（圖 17 ~ 19）

8 盛盤佐以焦糖蘋果、草莓即可食用。（圖 20）

步驟 6

另外一種作法是：取 30g 無鹽奶油放入鍋中融化，以湯匙撇除表面的奶蛋白浮末，留下的金黃色液體即為淨化牛油。將淨化牛油淋在步驟 6 肝醬表面（建議選用玻璃容器放入，較好操作），壓緊冷藏 1 小時，至其凝結。

1 蘋果去皮切塊，將 30g 糖、40cc 水（配方外）、20cc 檸檬汁，與蘋果同煮至略透明，濾乾水份備用。（圖1）

2 乾鍋加入 40g 糖，以小火加熱至焦化，加入蘋果塊略炒至上色，加入無鹽奶油、白酒拌勻，再放入豆蔻粉、20cc 檸檬汁，收汁即成焦糖蘋果。（圖2～4）

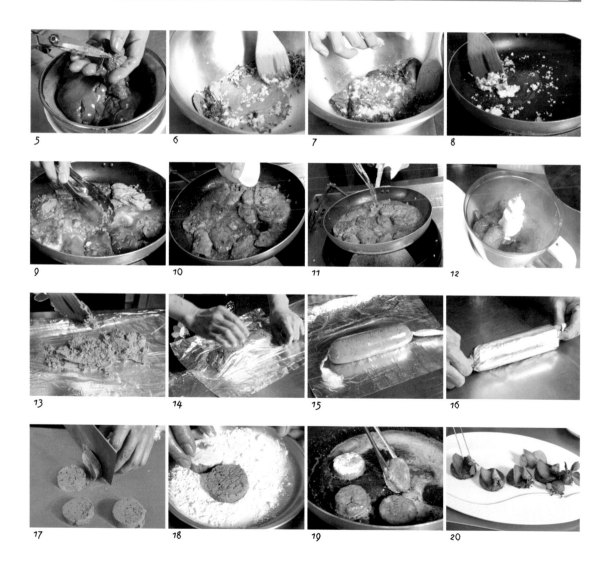

懷孕初期推薦食譜／營養成分

髮菜含有蛋白質、鈣、鐵、銅、錳等營養素。

帆立貝營養成分包括蛋白質、礦物質、脂肪、鈣、鐵等。

髮菜

銅　蛋白質

錳　鈣

鐵

帆立貝

鈣　蛋白質

鐵　礦物質

脂肪

材料圖

材料		調味料	
髮菜	10g	鹽	適量
青蔥	1 支	白胡椒粉	適量
薑	5g	米酒	適量
白蝦	60g	太白粉	適量
荸薺	10g	柴魚昆布高湯	100cc
帆立貝	3 個	糖	適量
熟鳳果	4 粒	芝麻香油	適量
甜豆	30g		

→ 柴魚昆布高湯作法可參考 P.49。

作法

1 將髮菜、青蔥、薑及水蒸 15 分鐘。（圖 1）

2 荸薺略拍切碎，用餐巾紙擠去部分水份。

3 白蝦去除頭、殼、腸泥，將蝦肉剁成泥，調味鹽、白胡椒粉、米酒、太白粉，加入荸薺拌勻成餡備用。（圖 2）

4 熟鳳果去殼，甜豆去除老纖維，分別入鍋燙熟，取出備用。（圖 3 ~ 4）

5 帆立貝洗淨，內殼撒少許太白粉，放入重約 35g 圓型蝦餡，再放上帆立貝，撒上少許鹽。（圖 5 ~ 7）

6 入蒸鍋蒸 6 分鐘，盛盤，擺上熟鳳果及甜豆。（圖 8）

7 鍋子放入高湯、髮菜、少許鹽、糖，煮開以太白粉水勾芡，最後淋上芝麻香油。（圖 9 ~ 10）

8 將煮好醬汁淋在帆立貝上即可。（圖 11 ~ 12）

懷孕初期推薦食譜／營養成分

昆布是一種鹼性食品，富含豐富的礦物質及微量元素。

食材的營養成分

昆布

礦物質　微量元素　碘

材料圖

材料		調味料	
老薑	30g	醬油	25cc
昆布（乾）	50g	白醋	30cc
寒天脆藻（海藻萃取）	60g	糖	3g
紅蘿蔔	50g	鹽	1g
小黃瓜	1/2 條	芝麻香油	30cc
蒜	5g	熟白芝麻	適量
香菜	10g		

拌昆布絲

懷孕初期 推薦食譜

作法

1 老薑、水煮開，加入昆布（乾）小火煮約 15 分鐘後撈起，昆布切絲備用。（圖 1 ~ 2）

2 紅蘿蔔切絲，燙熟備用；蒜切末。（圖 3）

3 小黃瓜切絲，泡冷開水備用。（圖 4）

4 香菜洗淨切小段，寒天脆藻切段，以冷開水過水。（圖 5）

5 將調味料拌勻（除了熟白芝麻），加入紅蘿蔔絲、寒天脆藻、昆布絲、小黃瓜絲、蒜、香菜略拌。（圖 6 ~ 10）

6 盛盤撒上熟白芝麻，即可食用。（圖 11）

懷孕初期推薦食譜／營養成分

昆布含有多種礦物質和維生素，是一種營養豐富的食品，以食物來說，昆布的含碘量最高，因此又被譽爲「長壽菜」。

食材的營養成分

昆布

礦物質　微量元素　碘

材料圖

材料		調味料	
昆布（乾）	60g	醬油	75cc
牛蒡	40g	麥芽糖	5g
金針菇	40g	砂糖	30g
		味醂	75cc
		柴魚昆布高湯	100cc
		柴魚片	5g
		熟白芝麻	適量

→ 柴魚昆布高湯作法可參考 P.49。

作法

1 將昆布（乾）浸水約 30 分鐘，撈起切絲備用。（圖 1）

2 牛蒡去皮切成長 10cm 段，再切細條泡水，以水略燙備用。（圖 2）

3 金針菇洗淨，切去老莖部份。（圖 3）

4 將醬油、麥芽糖、砂糖、味醂及高湯煮開。（圖 4 ～ 7）

5 加入所有食材，以小火煮至略收汁。（圖 8 ～ 9）

6 乾鍋將柴魚片以小火炒香。（圖 10）

7 盛盤，放上柴魚片、熟白芝麻，裝飾後即可食用。（圖 11 ～ 12）

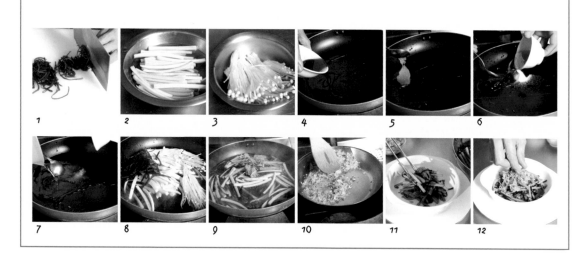

1 2 3 4 5 6
7 8 9 10 11 12

懷孕初期推薦食譜／營養成分

海藻含有豐富的食物纖維、蛋白質、多醣類、維生素。

食材的營養成分

海藻

食物纖維

蛋白質

多醣類

維生素

材料圖

材料		調味料	
薑	5g	鹽	1g
鮭魚	80g	白胡椒粉	0.1g
白蝦	6 支	米酒	15cc
澎湖海藻	60g		
蒜苗	15g		

作法

1 海藻泡水洗去沙子，再泡冷水備用。

2 白蝦去除頭、殼，將蝦頭與 1200cc 水（配方外）煮滾，轉小火煮 10 分鐘，將蝦仁取出備用，濾除雜質、殼，僅保留蝦高湯。（圖 1 ～ 3）

3 鮭魚去除魚骨、魚皮，切 3cm 塊狀。（圖 4 ～ 5）

4 薑切細絲，蒜苗切末。（圖 6）

5 細薑絲加入蝦高湯，加入鮭魚塊以中小火煮滾，續加入蝦仁、海藻，迅速調味鹽、白胡椒粉、米酒。（圖 7 ～ 9）

6 滾開即關火，盛盤撒上蒜苗末，即可食用。（圖 10）

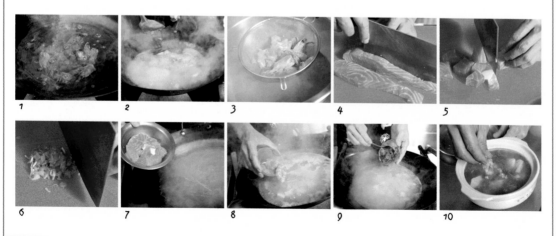

1   2   3   4   5

6   7   8   9   10

懷孕初期推薦食譜／營養成分

紫菜含有蛋白質、維生素 A、維生素 B_1、維生素 B_2、維生素 C、鈣、碘等。

蝦子富含蛋白質、維生素 B_{12}、鐵、磷、鈣。

紫菜

維生素 B_2

蛋白質

維生素 C

維生素 A

鈣

維生素 B_1

碘

蝦子

鐵

蛋白質

磷

維生素 B_{12}

鈣

材料圖

材料		調味料	
蒜苗	40g	沙拉油	20cc/15cc/15cc
紫菜	80g	柴魚昆布高湯	80cc
豆芽菜（或銀芽）	60g	鹽	1g
紅甜椒	10g	白胡椒粉	適量
白蝦仁	50g	米酒	30cc
雞蛋	1 顆		

→ 柴魚昆布高湯作法可參考 P.49。

作法

1 紫菜略洗去沙，用濾網濾乾水份備用。（圖 1）

2 紅甜椒切絲；蒜苗斜切，將蒜苗白、蒜苗綠分開備用。（圖 2）

3 雞蛋打勻；豆芽菜摘除頭尾，處理成銀芽。（圖 3）

4 熱鍋加入 20cc 沙拉油，加入雞蛋炒成塊（勿炒太老），取出備用。（圖 4 ~ 5）

5 原鍋加入 15cc 沙拉油，炒香白蝦仁至 8 分熟取出。（圖 6 ~ 7）

6 另熱鍋加入 15cc 沙拉油，以中小火炒香蒜苗白，加入紫菜、銀芽炒香，加入高湯，續再加入紅甜椒絲、蝦仁、蛋塊，加入所有調味料炒至縮汁，撒上蒜苗綠迅速炒勻，熄火。（圖 8 ~ 13）

7 盛盤即可食用。（圖 14）

懷孕初期推薦食譜／營養成分

紅藜富含蛋白質、膳食纖維、鐵、鈣。

紅藜

 鈣　 蛋白質

 鐵　 膳食纖維

材料圖

材料		調味料	
紅藜	80g	橄欖油	10cc
小米	80g	鹽	1g
地瓜	100g	糖	0.5g
紫洋蔥	30g		
牛番茄	1 個		
檸檬	1/2 顆		
酪梨	1/2 顆		
	(約80g)		

蜂蜜芥末醬調製

材料

黃芥末醬　25g

芥末籽　　5g

蛋黃醬　　50g

蜂蜜　　　5cc

作法

將黃芥末醬、芥末籽、蛋黃醬、蜂蜜調合均勻成蜂蜜芥末醬備用。

作法

1 紅藜、小米洗淨，分開容皿裝盛，食材與水以 1：1 蒸熟。（圖 1）

2 地瓜切滾刀塊蒸熟。（圖 2）

3 紫洋蔥切細圈，牛番茄切塊，檸檬擠汁備用。（圖 3 ～ 5）

4 刀子從酪梨上到下劃一圈，取出籽，用湯匙將酪梨果肉取出，切塊。（圖 6 ～ 10）

5 將所有食材取容器放入，調味橄欖油、鹽、糖、檸檬汁，輕輕拌勻，最後加入蜂蜜芥末醬混勻。（圖 11 ～ 12）

1　　2　　3　　4

5　　6　　7　　8

9　　10　　11　　12

懷孕初期推薦食譜／營養成分

紅藜富含蛋白質、膳食纖維、鐵、鈣。

紅藜小常識

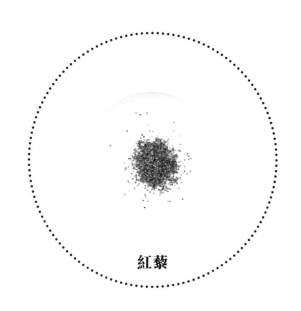

紅藜

紅藜是原住民的傳統作物，也是台灣早期重要的救命糧食，在台灣，紅藜約需 90 ～ 120 天收成，種植季節應避開雨季，紅藜擁有全面且優質的營養，因此又有穀類中的「紅寶石」之美譽。

材料圖

材料

紅藜	80g
綠豆	50g
黑豆	50g
牛番茄	60g
小黃瓜	60g
紫洋蔥	40g
白蝦	6 支
怡貝	3 個
中卷	80g
香菜	10g

調味料

粗黑胡椒粉	1g
糖	1g
鹽	1g
橄欖油	20cc
檸檬原汁	20cc
Tabasco（辣椒水）	5cc

醬汁材料

柳橙原汁	60cc
糖	1g
太白粉	少許

作法

1 將紅藜、水以 1：1 蒸 25 分鐘（也可用電鍋煮熟）。（圖 1）

2 綠豆、黑豆於前一夜泡水備用，將食材與水以 1：1.2 蒸 25 分鐘，分開裝皿蒸（也可用電鍋煮熟）。（圖 2）

3 牛番茄去皮去籽，切 1cm 四方丁。

4 小黃瓜去籽切小丁，紫洋蔥切 0.5cm 小丁。（圖 3 ~ 6）

5 香菜切 0.5cm。（圖 7）

6 白蝦燙熟去除頭、殼（留蝦仁），怡貝燙熟，中卷燙熟切圈；起鍋加入少許油，將中卷煎至表面焦黃備用。（圖 8 ~ 10）

7 將所有食材與調味料拌勻，最後再拌入香菜。（圖 11 ~ 13）

8 將柳橙原汁加入少許糖，以小火煮開，快速用少許太白粉水勾芡（芡勿太濃稠）。（圖 14）

9 盛盤，放上醬料、裝飾即可。（圖 15）

懷孕初期推薦食譜／營養成分

葵花子富含蛋白質、多種維生素、礦物質。

食材的營養成分

葵花子

蛋白質　　維生素　　礦物質

材料圖

材料		調味料	
雞胸肉	150g	鹽	2g
荸薺	50g	白胡椒粉少許	
芹菜	20g	米酒	15cc
生葵花子	80g	太白粉	3g
甜豆	10g	芝麻香油少許	
白花椰菜	60g	糖	1g

作法

1 荸薺略拍切末，用餐巾紙擠去水份；芹菜切細珠，白花椰菜去除老纖維。

2 雞胸肉洗淨剁切成泥 (肉泥攪拌或摔至起膠) 將荸薺、芹菜與肉泥拌勻，加入鹽、白胡椒粉、米酒、太白粉、芝麻香油、糖攪拌均勻。（圖 1 ~ 4）

3 盤子抹少許油，放上約 40g 雞肉泥，搓成圓錐形，將生葵花子插上，以少許黑芝麻（配方外）點綴眼睛。（圖 5 ~ 7）

4 烤盤抹油，將刺蝟雞肉丸子放上烤盤，烤箱預熱上下火 140 度，烤 12 分鐘，至熟取出。（圖 8）

5 燒一鍋水加入少許鹽，燙熟甜豆及白花椰菜。（圖 9）

6 出爐後盛盤裝飾即可。（圖 10）

→ 搭配照燒醬風味更是一絕，詳細製作方法為將 150cc 濃口醬油、150cc 味醂、50g 砂糖一同煮滾熄火，放涼即可食用。

懷孕初期推薦食譜／營養成分

香蕉含有豐富的蛋白質、維生素 C、維生素 E、鈣、鉀、磷、膳食纖維。

食材的營養成分

香蕉

鉀　蛋白質

磷　維生素 C

膳食纖維　維生素 E

鈣

材料圖

材料

香蕉	1 根
蜂蜜	5cc
熟綜合堅果	30g

粉漿

低筋麵粉	70g
糖	15g
椰奶	60cc
雞蛋	1 顆
冷開水	100cc

堅果香蕉餅

懷孕初期 推薦食譜

作法

→ 粉漿調製：

將低筋麵粉、糖、椰奶、雞蛋、冷開水混合均勻。
（圖 1）

1 香蕉對切去皮（長約 10cm），取玻璃紙攤平（保鮮膜、塑膠袋亦可），放上香蕉將玻璃紙反摺，利用刀面平均壓平香蕉。（圖 2 ~ 4）

2 將壓平的香蕉均勻沾裹粉漿。（圖 5）

3 以油溫 160 度炸至金黃色即可。（圖 6 ~ 10）

4 取出濾乾油漬，盛盤擠上蜂蜜，撒上熟綜合堅果。（圖 11 ~ 12）

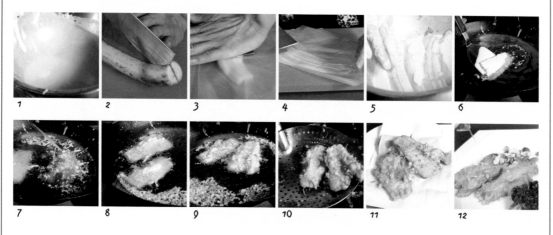

懷孕初期推薦食譜／營養成分

海鮮富含蛋白質、鈣、鐵、鉀、磷,是非常不錯的食材選擇。

海鮮

 蛋白質

 鈣

 鐵

 鉀

磷

材料圖

材料	
菠菜	200g
雞蛋	4 顆
白蝦	6 隻
蛤蜊	100g
鮮菇	4 朵
罐頭玉米	30g
魚板	50g
牡蠣	50g

調味料

柴魚昆布高湯
　200cc/600cc/100cc
薄口醬油 25cc/10cc
清酒　　　　　5cc
太白粉　　　　少許
鹽　　　　　　少許

→ 柴魚昆布高湯作法可
　參考 P.49。

作法

1 菠菜洗淨，加入 200cc 高湯以果汁機打碎打勻，用濾網濾掉渣，濾下的菠菜汁再加入 600cc 高湯混合。（圖 1 ～ 3）

2 雞蛋打散，加入步驟1菠菜柴魚高湯、25cc 薄口醬油、清酒調勻，過濾備用。（圖4）

3 白蝦去殼，挑沙筋；蛤蜊吐沙洗淨，燙熟剝肉；鮮菇洗淨切塊。（圖5 ～ 6）

4 將蛤蜊、鮮菇排入蒸皿，將調好蛋汁加到 7 分滿，入蒸籠小火蒸20分鐘。（圖7 ～ 8）

5 牡蠣裹上適量太白粉燙熟，白蝦燙熟，魚板燙熟。（圖 9 ～ 11）

6 將 100cc 高湯、10cc 薄口醬油、少許鹽，煮滾芶薄芡。（圖 12）

7 取出蒸好茶碗蒸，排上燙好食材、玉米，淋上芡汁即可。（圖 13 ～ 14）

懷孕初期推薦食譜／營養成分

南瓜含有維生素 A、維生素 B、維生素 C、鈣、鋅、磷、鎂。

食材的營養成分

南瓜

 鈣
 維生素A
 鋅
 維生素B
 磷
 維生素C
鎂

材料圖

材料

雞胸肉	150g
洋蔥	30g
南瓜	100g
雞高湯	300cc

調味料

無鹽奶油	15g
牛奶	50cc
動物性鮮奶油	10cc
糖	3g
鹽	1g
白胡椒粉	適量
橄欖油	5cc
新鮮巴西利葉	適量

雞胸肉配料

洋蔥	30g
西芹	50g
紅蘿蔔	50g
蒜	5g
新鮮迷迭香	適量
新鮮百里香	適量
月桂葉	適量
鹽	1g
白胡椒粉	適量

作法

1 將洋蔥、西芹、紅蘿蔔、蒜切小（或以果汁機打碎），加入新鮮迷迭香、新鮮百里香、月桂葉混合備用。（圖1）

2 雞胸肉洗淨，抹鹽、白胡椒粉，將步驟1加入100cc水（配方外）浸泡雞胸肉15分鐘。（圖2）

3 烤箱預熱180度，將上述材料先以蔬菜鋪底，再放上雞胸肉，入烤箱烤約25分鐘（每10分鐘取出刷一次奶油），熟成後取出切丁。（圖3～5）

4 巴西利葉切碎擠乾，南瓜蒸熟壓泥，洋蔥切末備用；以無鹽奶油將洋蔥炒熟，加入南瓜泥、雞高湯。（圖6～8）

5 加入牛奶、動物性鮮奶油、糖、鹽、白胡椒粉調味煮滾，以適量麵粉水（配方外）勾芡，起鍋入容器，放上雞丁、橄欖油、巴西利葉碎，即可食用。（圖9～12）

1　2　3　4

5　6　7　8

9　10　11　12

PART

2

月子餐

為了哺育幼兒、恢復體力，坐月子期間的飲食調養亦不可輕忽，跟著本單元的推薦食譜，您也可以輕鬆製作不油膩、美味又營養的月子餐料理。

本書食譜經常會以「勾芡」增加料理的美感與口感，在開始料理前我們先簡單了解勾芡的手法與注意事項。

本書中的勾芡、勾薄芡，意為加入適量太白粉水（或麵粉水）至料理中，翻炒均勻後食物表層會出現輕薄透明的芡汁，是為勾芡。

太白粉水勾芡比例：將太白粉及淨水以 1：1 混合均勻。

麵粉水勾芡比例：將麵粉及淨水以 1：1 混合均勻。

勾芡用量會依食材多寡而有所增減，加太多會太稠，太少則無感，建議初學者先加入少許，慢慢抓手感，培養對份量的敏感度。

忌口

生冷食品如冰類，任何冰的食物和飲料都不適宜，蔬菜類如竹筍、白菜、白蘿蔔，海鮮類如螃蟹，辛辣等刺激性食物如辣椒，忌食過鹹、燥熱食物如炸物。

食用建議

此餐品組合建議在第 1 ～ 2 週能食用兩至三餐，其餘皆可自行搭配，唯獨在前 2 週須避開人參及花旗參（西洋參），產後第 3 週方可開始搭配人參及花旗參食用。

材料圖

材料		調味料	
麵線	400g	苦茶油	60cc
老薑	80g	米酒	適量
枸杞	3g	鹽	少許
青江菜	2 株		
海苔粉	少許		

作法

1 老薑切末或切細絲，枸杞泡米酒備用，青江菜洗淨修整。（圖 1 ～ 3）

2 燒開一鍋水將麵線煮熟，濾乾水分拌油備用（拌油可避免麵線黏在一起），青江菜燙熟。（圖 4 ～ 7）

3 鍋子加入苦茶油、薑末以小火爆炒香，加入少許水（配方外）、枸杞、米酒，入鍋煮勻，最後以鹽調味。（圖 8 ～ 9）

4 取容器倒入麵線拌勻，放上青江菜，撒上海苔粉即可。（圖 10 ～ 11）

1

2

3

4

5

6

7

8

9

10

11

材料圖

材料		調味料	
老薑	80g	胡麻油	80cc
杏鮑菇	100g	米酒	150cc
枸杞	2g	鹽	少許
豬腰子	1付	冰糖	適量

作法

1 豬腰子洗淨，對剖去除內部雜質，先切花刀再切片（處理時可泡冰塊或沖活水保鮮），燙8分熟備用。（此為腰花；圖1～8）

2 枸杞泡米酒備用，杏鮑菇洗淨切片，老薑切片。（圖9～10）

3 熱鍋加入胡麻油，以小火將薑片煸炒香，加入杏鮑菇、米酒、枸杞、150cc水（配方外）、腰花煮開，加入鹽、冰糖調味。（圖11～13）

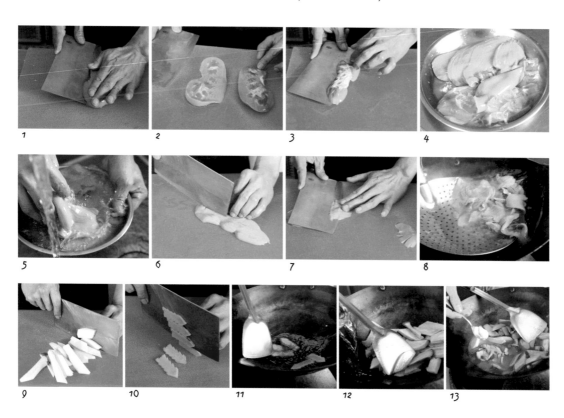

材料圖

材料		調味料	
白山藥	120g	沙拉油	10cc
紅甜椒	40g	鹽	少許
黃甜椒	40g	糖	少許
豌豆	少許	太白粉	少許
薑	3g		
青蔥	1支		

作法

1 白山藥去皮切條，起一鍋水加入鹽煮開，川燙白山藥備用；豌豆切除頭尾燙熟。（圖 1～5）

2 紅甜椒、黃甜椒切長條，薑切片，青蔥切段。（圖6～9）

3 以沙拉油熱鍋，爆香薑片、蔥段，加入白山藥、紅甜椒、黃甜椒、豌豆、60cc 水（配方外）炒勻，加入鹽、糖調味，最後勾薄欠即可。（圖10～11）

4 盛盤即可食用。（圖12）

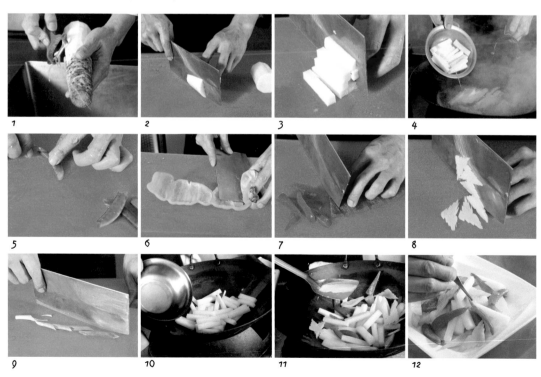

1　2　3　4
5　6　7　8
9　10　11　12

紅豆小米粥

紅豆可補血、利尿、解毒，小米可滋陰養血。

材料圖

材料		調味料
紅豆	200g	冰糖 80g（酌量）
小米	300g	

電鍋作法

1 小米、紅豆分別泡開瀝乾。（圖 1 ~ 3）

2 將小米、紅豆、2000cc 水（配方外）放入電鍋內鍋，外鍋加入 200cc 水，煮至電鍋跳起，跳起後外鍋再加入 200cc 水，重複蒸煮動作第二次，至食材熟成。（圖 4 ~ 5）

→ 電鍋跟水煮製作配方略有不同，因水煮的水會稀釋、蒸發，電鍋不會，因此電鍋的水在用量上會少一些。

3 鍋子放入紅豆小米粥，續煮至稠，加入冰糖調味即可。（圖 6）

水煮作法

1 紅豆泡水 2 小時，將紅豆、3000cc 水（配方外）一起煮至水開，轉小火煮至紅豆漲裂。

2 加入洗淨小米，煮至小米變軟，續煮至稠再加入冰糖調味。

杜仲飲

杜仲可抗菌消炎、抗衰老，紅棗可補中益氣，薑可增食慾，緩衰老，冰糖可養陰生津，潤肺止咳。

材料圖

材料		調味料	
杜仲	70g	水	3000cc
紅棗	30g	冰糖	60g
薑	10g		

作法

1 薑切片備用。

2 將杜仲、紅棗、薑片加水煮開，轉小火，煮至約一半水量，加入冰糖調味。（圖1～5）

3 濾去中藥渣即可食用。

1　　2　　3　　4　　5

忌口

生冷食品如冰類，任何冰的食物和飲料都不適宜，蔬菜類如竹筍、白菜、白蘿蔔，海鮮類如螃蟹，辛辣等刺激性食物如辣椒，忌食過鹹、燥熱食物如炸物。

食用建議

此餐品組合建議在第 1～2 週能食用兩至三餐，其餘皆可自行搭配，唯獨在前 2 週須避開人參及花旗參（西洋參），產後第 3 週方可開始搭配人參及花旗參食用。

材料圖

材料		調味料	
糙米	250g	水	2500cc
紅棗	10 顆	鹽	少許
排骨	150g		
青蔥	1 支		

作法

1 排骨剁小塊，川燙去除血水；蔥切蔥花備用。（圖 1～4）

2 糙米洗淨，加水煮開轉小火，加入紅棗及排骨，將糙米煮至稠後加入鹽調味，撒上蔥花。（圖 5～7）

糙米排骨粥

月子餐推薦食譜

第2週

1　　　　2　　　　3　　　　4

5　　　　6　　　　7

104

當歸可補血，黃耆可補氣虛、益氣。

材料圖

材料		調味料	
豬腳	600g	水	3500cc
薑	10g	米酒	適量
當歸	8g	鹽	少許
黃耆	6 片		
枸杞	2g		

作法

1 豬腳剁小塊，洗淨川燙去除血水備用；薑切片。（圖 1 ~ 4）

2 將水、米酒、當歸、黃耆、枸杞、薑片、豬腳同煮，水開後轉小火，續煮至豬腳軟。
（圖 5 ~ 6）

3 煮至豬腳軟時，加入鹽調味即可。（圖 7 ~ 8）

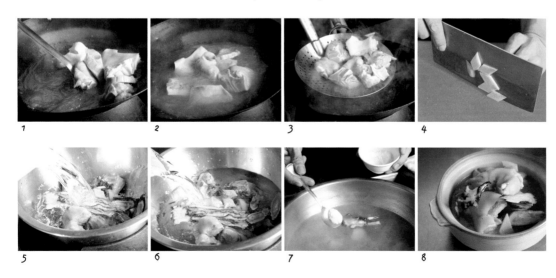

1

2

3

4

5

6

7

8

材料圖

材料		調味料	
絲瓜	600g	胡麻油	適量
雞蛋	3顆	鹽	少許
薑	15g	太白粉	少許
枸杞	少許		

第2週

作法

1 絲瓜去除皮、老瓜瓤(中間籽的部份)切塊備用;薑切片。(圖1)

2 雞蛋打散,起鍋入胡麻油,將蛋炒成蛋塊。(圖2~3)

3 起油鍋以胡麻油炒香薑,加入絲瓜、少許水(配方外),炒至略軟後加入蛋塊翻炒,加入枸杞、鹽調味,最後勾薄欠。(圖4~7)

4 盛盤即可食用。

1

2

3

4

5

6

7

地瓜紅豆湯

紅豆可消除浮腫，地瓜可促進排便。

材料圖

材料		調味料
地瓜	600g	糖（或冰糖）80g
紅豆	400g	

作法

1 紅豆先泡水 2 小時，瀝乾備用；入鍋以配方外 2000cc 水煮，水開即轉小火。（圖 1）

2 地瓜去皮切塊，加入紅豆湯續煮，煮至紅豆及地瓜軟，加糖調味即可。（圖 2 ~ 4）

1　　2　　3　　4

紅棗可補氣，桂圓可促進食慾，黃耆可強壯脾胃，枸杞可強化視力。

材料圖

材料		調味料	
紅棗	12 顆	水	1200cc
桂圓肉	50g		
黃耆	30g		
枸杞	5g		

作法

1 鍋子加入紅棗、桂圓肉、黃耆、枸杞、水，以小火煮30分鐘。(圖1～2)

2 盛起即可食用。

1 2

忌口

生冷食品如冰類，任何冰的食物和飲料都不適宜，蔬菜類如竹筍、白菜、白蘿蔔，海鮮類如螃蟹，辛辣等刺激性食物如辣椒，忌食過鹹、燥熱食物如炸物。

食用建議

此餐品組合建議在第 3 ～ 6 週能食用兩至三餐，其餘月子餐料理皆可自行搭配。

材料圖

材料		調味料	
雞蛋	2 顆	胡麻油	60cc
乾麵條	100g	米酒	適量
花椰菜	50g	枸杞	少許
薑	5g	鹽	少許

作法

1 燒開一鍋水，放入乾麵條煮熟，撈起，瀝乾後拌入少許油備用（拌油可避免麵條黏在一起）；花椰菜剝除老梗燙熟，薑切絲。（圖 1 ～ 5）

2 起油鍋，以胡麻油將薑絲炒香，加入雞蛋，待雞蛋成形後加入米酒、100cc 水（配方外）、枸杞，最後以鹽調味。（圖 6 ～ 10）

3 盛盤，先放上麵條、花椰菜，再放上雞蛋即可。（圖 11 ～ 12）

蛋香麵條

月子餐 推薦食譜

第3週

1　　　　2　　　　3　　　　4

5　　　　6　　　　7　　　　8

9　　　　10　　　　11　　　　12

111

天麻可益氣強陰，改
善頭痛暈眩。

材料圖

材料		調味料	
鱸魚	1 條	米酒	適量
天麻	10g	鹽	少許
薑	6g		
青蔥	1 支		
水	2000cc		

作法

1 薑切絲;青蔥切段,分蔥白、蔥綠備用。

2 將天麻、水一起煮滾,轉小火,煮 20 分鐘至藥材味道釋放(此為湯汁)。(圖 1)

3 鱸魚去除鰓、鱗、內臟,切五刀(不可切斷),入滾水川燙去除血水。(此方法在完成魚湯後,魚不會散架;圖 2 ~ 4)

4 將煮好的湯汁加入薑絲、蔥白,續加入鱸魚,以米酒、鹽調味,起鍋前加入蔥綠。(圖 5 ~ 9)

5 盛盤即可食用。

1 2 3 4

5 6 7 8 9

第3週

材料圖

材料		調味料	
地瓜葉	400g	芝麻油	少許
蒜	8g	醬油	10cc
紅蔥	3g	糖	2g
		鹽	少許

作法

1 蒜、紅蔥切末；地瓜葉挑除粗梗留嫩葉，
煮一鍋水加入少許鹽、油，燙熟地瓜葉。
（圖 1 ～ 4）

2 鍋子加入芝麻油爆香蒜末、紅蔥末，加
入醬油、糖、鹽調味炒勻，將調味好的
汁淋上地瓜葉即可。（圖 5 ～ 8）

1　　　　2　　　　3　　　　4

5　　　　6　　　　7　　　　8

薏仁桂圓粥

材料圖

薏仁可健脾潤膚、促進代謝,桂圓可養血。

材料

薏仁	300g
桂圓肉	60g
枸杞	5g

調味料

冰糖	80g

作法

1 薏仁洗淨泡水 1 小時,瀝乾備用;鍋子加入薏仁、4000cc 水(配方外)煮開,轉小火續煮 25 分鐘。(圖 1)

2 加入桂圓肉、枸杞,煮約 15 分鐘,至薏仁變軟加入冰糖,煮勻即可。(圖 2 ~ 4)

1

2

3

4

材料圖

山楂補脾健胃，紅糖
健脾暖胃。

材料

乾山楂　　　120g

調味料

水　　　　1100cc

紅糖　　　　適量

作法

1 乾山楂泡水 1 小時，濾乾備用。（圖 1 ~ 3）

2 將山楂、水一起煮開，轉小火煮 30 分鐘，再加入紅糖調勻。（圖 4 ~ 5）

3 盛碗皿即可食用。

1　　2　　3　　4　　5

忌口

生冷食品如冰類，任何冰的食物和飲料都不適宜，蔬菜類如竹筍、白菜、白蘿蔔，海鮮類如螃蟹辛辣等刺激性食物如辣椒，忌食過鹹、燥熱食物如炸物。

食用建議

此餐品組合建議在第 3 ～ 6 週能食用兩至三餐，其餘月子餐料理皆可自行搭配。

材料圖

材料		調味料	
白米	220g	太白粉	30g
薑	15g	沙拉油	100cc
紅蘿蔔	20g	水（或高湯）	1200cc
豬肝	200g	鹽	適量
青蔥	1 支	白胡椒粉	少許
		芝麻香油	少許

作法

1 豬肝洗淨切薄片，撒上太白粉抓勻，浸泡沙拉油 30 分鐘，沙拉油須蓋過豬肝片，川燙備用。（圖 1 ～ 4）

2 薑切絲，青蔥切蔥花，紅蘿蔔切片。（圖 5 ～ 6）

3 白米以乾鍋炒出米香，加入水或高湯，大火煮滾後轉小火，加入薑絲及紅蘿蔔片，煮至米粒軟化，加入燙好豬肝，以鹽、白胡椒粉調味。（圖 7 ～ 10）

4 起鍋前撒上蔥花，滴芝麻香油提香即可。（圖 11）

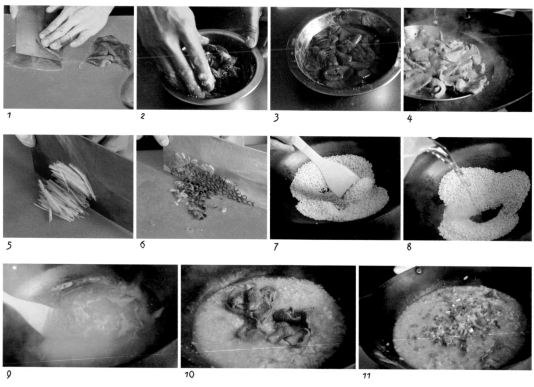

1

2

3

4

5

6

7

8

9

10

11

四神排骨湯

淮山可補養元氣，芡實可補脾去濕，蓮子可補中，益氣，茯苓可補益心臟、腎。

材料圖

材料		調味料	
淮山	40g	米酒	60cc/20cc
芡實	50g	鹽	適量
蓮子	50g		
茯苓	40g		
排骨	600g		
薑	10g		

作法

1 薑切片；排骨剁塊洗淨，川燙去除雜質。（圖 1～2）

2 將所有中藥材及排骨、薑、60cc 米酒、1300cc 水（配方外），放入電鍋內鍋，外鍋加入 1 杯水煮熟。（圖 3～4）

3 電鍋跳起後，加入鹽、剩餘米酒調味即可。（圖 5）

1　　　2　　　3　　　4　　　5

甜豆白果

白果可潤肺化痰。

材料圖

材料

薑	10g
青蔥	1支
白果	8粒
荷蘭豆	200g
紅甜椒	30g

調味料

沙拉油	適量
鹽	少許
米酒	少許

作法

1 白果水煮減低苦味，煮至微微裂開備用。

2 荷蘭豆去除老纖維，蔥切蔥白段，薑切小片，紅甜椒切條。（圖1）

3 鍋子放入沙拉油爆香薑片、蔥白，加入白果、荷蘭豆、紅甜椒翻炒均勻，以鹽、米酒調味。（圖2～5）

4 盛盤即可食用。（圖6）

   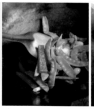  

1　　2　　3　　4　　5　　6

121

黑糖燒麻糬

材料圖

材料		調味料	
糯米粉	200g	細砂糖	40g
薑	50g	黑糖	150g
枸杞	2g	沙拉油	少許
紅豆餡	80g		

作法

1 薑切片備用；糯米粉加入 200cc 水（配方外）、細砂糖，攪拌成麻糬粉糰，放入電鍋內鍋，外鍋加 100cc 水，煮至電過跳起，熟成後取出放冷。（圖 1 ～ 4）

2 薑片加入 1300cc 水（配方外）煮 25 分鐘，加入枸杞、黑糖，轉小火。（圖 5 ～ 7）

3 紅豆餡搓圓，手沾少許沙拉油，將蒸好麻糬分成小等份，包入紅豆餡。（圖 8 ～ 12）

4 將麻糬加入黑糖汁，煮滾熄火即可。（圖 13）

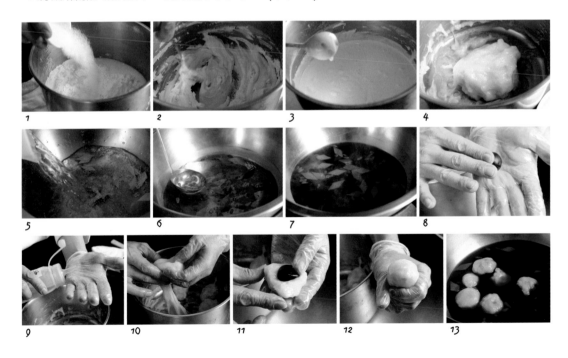

黑豆可催乳，黃耆可提高免疫力，枸杞可潤澤肺臟。

材料圖

材料		調味料	
黑豆	100g	水	2000cc
黃耆	10g	冰糖	100g
枸杞	5g		

作法

1 黑豆使用前泡一夜 (最少 4 小時)，與黃耆加水煮滾，轉小火。(圖 1)。

2 煮 20 分鐘後加入枸杞，續煮 20 分鐘，加入冰糖煮勻，熄火。(圖 2 ~ 3)

3 盛盤即可食用。

1　　2　　3

忌口

生冷食品如冰類，任何冰的食物和飲料都不適宜，蔬菜類如竹筍、白菜、白蘿蔔，海鮮類如螃蟹，辛辣等刺激性食物如辣椒，忌食過鹹、燥熱食物如炸物。

食用建議

此餐品組合建議在第 3 ～ 6 週能食用兩至三餐，其餘月子餐料理皆可自行搭配。

材料圖

材料		調味料	
白米	300g	白胡椒粉	適量
魩仔魚	80g	鹽	少許
海藻	80g	米酒	少許
芹菜	20g	芝麻香油	適量

作法

1 魩仔魚洗淨，海藻洗淨，芹菜切珠備用。（圖 1 ～ 2）

2 起鍋加入白米、白胡椒粉、1200cc 水（配方外）一起煮至水滾，轉小火，煮 10 分鐘加入魩仔魚，再煮 5 分鐘加入海藻，以鹽、米酒調味。（圖 3 ～ 6）

3 起鍋前加入芹菜、芝麻香油，盛盤即可食用。（圖 7）

1

2

3

4

5

6

7

補氣燉雞湯

材料

仿雞大腿	250g
黨參	20g
茯苓	20g
紅棗	10 粒
白山藥	200g
老薑	5g

調味料

米酒	適量
鹽	少許

黨參補中益氣，茯苓利尿、安定心神，紅棗養脾胃，治虛勞。

作法

1 仿雞大腿剁塊，川燙備用；白山藥去皮切塊，老薑切片。（圖 1 ～ 4）

2 將所有食材及中藥、米酒放入電鍋內鍋，加入約 1300cc 水（配方外）蓋過食材，外鍋放入 1 杯水，煮熟。（圖 5 ～ 6）

3 電鍋跳起後加入鹽調味，盛盤即可食用。（圖 7 ～ 8）

1 2 3 4

5 6 7 8

材料圖

材料		調味料	
薑	10g	沙拉油	30cc
青蔥	1 支	鹽	少許
鮮菇	40g	米酒	適量
紅甜椒	1/4 顆		
菠菜	300g		

作法

1 菠菜洗淨切段，青蔥切段，薑切細絲，鮮菇、紅甜椒切條。（圖 1 ~ 2）

2 鍋中放入沙拉油、薑絲、蔥爆香，加入鮮菇、紅甜椒略炒，加入菠菜、少許水（配方外）、鹽、米酒調味炒勻。（圖 3 ~ 7）

3 盛盤即可食用。（圖 8）

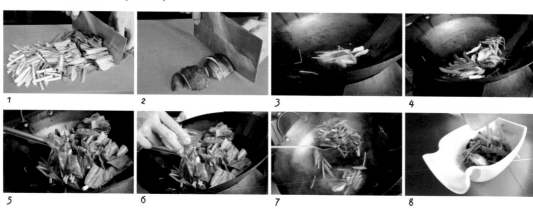

桂花核桃糊

核桃活絡胃腸，桂花養生潤肺。

材料圖

材料

核桃	80g	桂花蜜	適量
冰糖	50g	太白粉	適量

作法

1 核桃烤熟備用，以刀切碎或以調理機打碎。（圖 1 ～ 2）

2 鍋子加入 500cc 水（配方外），加入核桃碎煮滾，轉小火煮勻。（圖 3 ～ 4）

3 加入冰糖煮勻，勾芡，起鍋前加入桂花蜜即可。（圖 5 ～ 7）

益母飲

月子餐 推薦食譜

杜仲強健筋骨，桑寄生補益腎臟，何首烏補益氣血、烏黑髮色。

材料圖

材料		調味料	
紅棗	10 粒	水	1000cc
杜仲	36g		
桑寄生	18g		
何首烏	18g		

→ 可加 1 兩冬蟲夏草

作法

1 將所有材料與 1000cc 水（配方外）一起煮，水滾後轉小火，煮至剩約 500cc 即可。（圖 1 ~ 2）

2 盛盤即可食用。（圖 3 ~ 4）

1 　　　　2 　　　　3 　　　　4

第 5 週

忌口

生冷食品如冰類，任何冰的食物和飲料都不適宜，蔬菜類如竹筍、白菜、白蘿蔔，海鮮類如螃蟹，辛辣等刺激性食物如辣椒，忌食過鹹、燥熱食物如炸物。

食用建議

此餐品組合建議在第 3～6 週能食用兩至三餐，其餘月子餐料理皆可自行搭配。

材料圖

材料		調味料	
仿雞腿	600g（1 支）	胡麻油 50cc/50cc	
老薑	150g	米酒	600cc
紅棗	8 粒		
枸杞	1g		

作法

1 仿雞腿剁塊，洗淨瀝乾水份；老薑切片備用。（圖 1）

2 紅棗浸泡少量的水，讓紅棗吸滿水份；枸杞泡米酒備用。（圖 2）

3 熱鍋加入 50cc 胡麻油，將雞肉煸炒至皮焦黃，取出。（圖 3～5）

4 原鍋加入剩餘胡麻油，以小火煸炒老薑，炒至乾扁、薑味釋出，將雞肉加入同炒。（圖 6～7）

5 炒勻，加入米酒、紅棗、枸杞、600cc 水（配方外）、適量的鹽及冰糖（配方外）調味，最後以中火續煮 8 分鐘即可。（圖 8～11）

6 盛盤即可食用。（圖 12）

麻油雞

月子餐推薦食譜

1

2

3

4

5

6

7

8

9

10

11

12

材料圖

材料		調味料	
薑	20g	太白粉	30g
青蔥	1支	沙拉油	100cc
牛番茄	2顆	鹽	1g
豬肝	200g	米酒	20cc
菠菜	300g	白胡椒粉適量	
		芝麻香油適量	

作法

1 豬肝洗淨切薄片，撒上太白粉抓勻，再浸泡沙拉油30分鐘，沙拉油須蓋過豬肝片，川燙備用。（圖1～3）

2 牛番茄切片，菠菜洗淨切段，青蔥切段，分為蔥白、蔥綠備用，薑切絲備用。（圖4～5）

3 起鍋，加入1000cc水（配方外）燒熱，加入薑絲、蔥白，水滾後加入牛番茄片關中小火，加入豬肝及菠菜葉，以鹽、米酒、白胡椒粉調味。（圖6～11）

4 起鍋前加入蔥綠、芝麻香油（配方外），即可食用。（圖12）

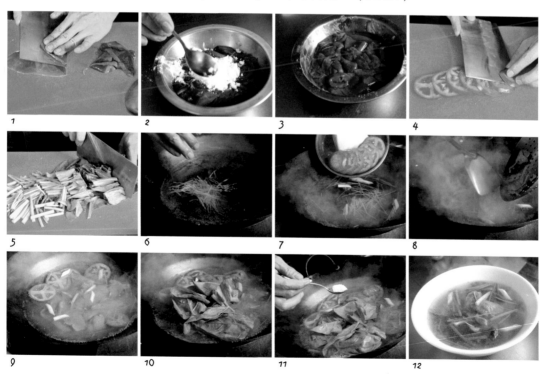

第6週

133

材料圖

材料		調味料	
薑	15g	胡麻油	適量
紅鳳菜	300g	米酒	少許
枸杞	1g	鹽	少許

作法

1 紅鳳菜洗淨，去除老梗；薑切絲，枸杞泡米酒備用。（圖 1 ~ 3）

2 鍋子加入胡麻油爆香薑絲，加入紅鳳菜、枸杞、米酒炒勻，加入鹽調味即可。（圖 4 ~ 6）

3 盛盤即可食用。（圖 7）

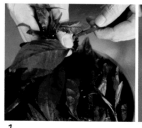
1

2

3

4

5

6

7

枸杞酒釀湯圓

酒釀可暖胃益心血。

材料圖

材料		調味料	
酒釀	60g	糖	60g
湯圓	200g	太白粉	少許
枸杞	1g		
雞蛋	1 顆		

作法

1 湯圓以滾水煮至熟成浮起，撈出備用。（圖1）

2 雞蛋打散攪勻備用。

3 鍋子加入酒釀、800cc 水（配方外）煮開，加入湯圓、糖。（圖2～4）

4 煮至湯圓再次浮起加入枸杞，以太白粉水勾芡，最後均勻淋上蛋液即可。（圖5～7）

木瓜的凝乳酶具有通乳作用，發乳飲可幫助母體乳腺通暢。

材料圖

材料

黨參	22g	當歸參	14g	白芍	7g
木通	8g	黃耆	11g	當歸鬚	11g
川芎	10g	路路通	11g	青木瓜	50g
甘草	4g	白术	22g		

作法

1 青木瓜去皮，切塊備用。（圖 1）

2 將所有材料放入鍋中，倒入 7 碗水（約配方外 1400cc 水）一起煮滾。（圖 2）

3 水開後轉小火，煮至湯汁剩約 1 碗水（200cc）即可飲用。（圖 3）

1　　　　2　　　　3

枸杞糙米黃豆飯

材料圖

材料

材料	重量
糙米	150g
黃豆	80g
紅豆	30g
枸杞	5g

作法

1 先將糙米、黃豆、紅豆泡水一夜，濾乾備用。（圖 1 ~ 4）

2 將所有材料放入內鍋，食材與水的比例約為 1：1.5（約配方外 400cc 水），外鍋加入 1 杯水，入電鍋煮熟即可。（圖 5 ~ 7）

四物雞湯

月子餐 推薦食譜

川芎可疏通血絡，熟地可養精血，補肝腎，白芍可護肝。

材料圖

材料

仿雞腿	250g
當歸	10g
川芎	4 片
熟地	10g
白芍	10g
薑	5g

調味料

米酒	少許
鹽	適量

作法

1 薑切片備用；仿雞腿洗淨剁塊，川燙去除雜質。（圖 1 ～ 4）

2 將所有材料、米酒、1500cc 水（配方外）放入電鍋內鍋，外鍋加入 1 杯水入電鍋煮，待電鍋跳起加入鹽調味即可。（圖 5 ～ 7）

3 盛盤即可食用。（圖 8）

1　2　3　4

5　6　7　8

馬鈴薯肉末

材料圖

材料		調味料	
青蔥	1 支	沙拉油	適量
馬鈴薯	600g	鹽	少許
紅蘿蔔	100g		
絞肉	100g		

作法

1 馬鈴薯去皮切條,蔥切段,分為蔥白、蔥綠備用,紅蘿蔔切絲。(圖 1 ~ 3)

2 鍋子加入適量沙拉油,炒香絞肉備用。(圖 4 ~ 5)

3 鍋子加入適量沙拉油爆香蔥白,加入馬鈴薯、紅蘿蔔略炒,加入絞肉、150cc 水(配方外),炒煮至馬鈴薯軟化,加入鹽調味,起鍋前加入蔥綠即可。(圖 6 ~ 9)

芝麻糊

芝麻可活化腦部，增強體力精力。

材料圖

材料		調味料	
黑芝麻	200g	糖	80g

作法

1 黑芝麻加入少許水煮軟，放冷，入果汁機打碎備用。（也可直接購買黑芝麻粉使用）

2 將打碎黑芝麻、200cc 水（配方外）以小火煮開，須邊煮邊攪動避免焦掉，最後加入糖煮勻即可。（圖 1 ~ 5）

3 盛入容皿即可食用。（圖 6）

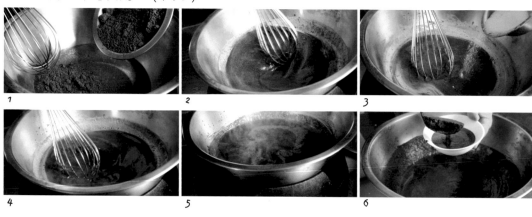

花旗枸杞紅棗茶

花旗參滋陰補氣、增強免疫力，枸杞補養肝臟，紅棗補血定神。

材料圖

材料

花旗參	6g
枸杞	10g
紅棗	5 顆
水	500cc

作法

1 將食材以水洗淨，沖洗後馬上撈出（勿洗太久）。

2 將所有材料放於保溫瓶，水煮開沖入，蓋上蓋子燜 20 分鐘即可。（圖 1～3）

1　　2　　3

紅麴麵線

月子餐 推薦食譜

紅麴活血化瘀，健脾消食。

材料圖

材料		調味料	
麵線	150g	鹽	少許
紅麴	60g	胡麻油	20cc
豆苗	50g	米酒	20cc
薑	5g	芝麻香油	適量

作法

1 薑切末備用；麵線煮熟濾乾，加入紅麴拌勻。（圖 1～5）

2 準備一鍋水煮開，加入少許油、鹽，川燙豆苗。（圖 6）

3 鍋子加入胡麻油、薑末略炒，加入米酒、80cc 水（配方外）煮勻，起鍋前淋上芝麻香油。（圖 7～8）

4 淋入紅麴麵線、擺上豆苗即可食用。（圖 9）

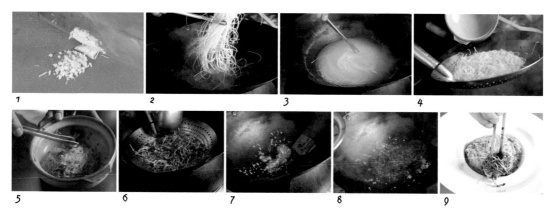

八珍排骨湯

白术強健腰膝，茯苓寧心安神，當歸促進血液循環，川芎活血，白芍護肝利腸，熟地益骨髓養精血，甘草補益元氣，紅棗養脾胃。

材料圖

材料

排骨	600g	川芎	9g
薑	5g	白芍	9g
人參鬚	9g	熟地	9g
白术	9g	甘草	5g
茯苓	9g	紅棗（去核）5 顆	
當歸	9g		

調味料

米酒	適量
鹽	適量

作法

1 薑切片備用；排骨剁塊洗淨，川燙去雜質。

2 將所有材料、米酒加入 1300cc 水（配方外）放入電鍋內鍋，外鍋加入 1 杯水入電鍋煮。（圖 1 ～ 2）

3 煮至電鍋跳起，以鹽調味即可。（圖 3）

1　　　　　2　　　　　3

材料圖

材料		調味料	
薑	10g	胡麻油	少許
川七	300g	米酒	適量
枸杞	3g	鹽	適量

作法

1 川七洗淨，摘除老蒂頭。（圖 1 ~ 2）

2 薑切絲，枸杞泡米酒。（圖 3 ~ 4）

3 鍋子加入胡麻油爆香薑絲，加入川七、枸杞、米酒，再加入少許水（配方外）翻炒均勻，最後加入鹽調味炒勻即可。（圖 5 ~ 7）

枸杞桂圓粥

圓糯米溫補脾胃，桂圓促進食慾，枸杞可補血，芝麻防止老化。

材料圖

材料		調味料	
圓糯米	300g	糖	適量
桂圓肉	60g		
枸杞	6g		
熟白芝麻	8g		

作法

1 圓糯米洗淨，加入 1500cc 水（配方外）煮開轉小火，加入桂圓肉，枸杞煮 30 分鐘。
（圖 1 ~ 3）

2 加入糖、熟白芝麻煮勻，盛盤即可食用。（圖 4 ~ 5）

材料圖

材料		調味料	
乾白木耳	30g	水	1500cc
乾蓮子	30g	冰糖	10g
乾百合	30g		
紅棗	6 顆		

作法

1 乾白木耳、乾蓮子洗淨泡軟，乾百合以溫水泡軟。

2 白木耳、蓮子、水煮滾轉小火，煮 30 分鐘，加入百合、紅棗，小火煮 20 分鐘。（圖 1 ~ 3）

3 加入冰糖續煮 3 分鐘，盛盤即可食用。（圖 4 ~ 5）

五穀飯

材料

糙米	60g	白米	200g
黃豆	60g	紫米	10g
薏仁	60g	水	600cc
麥片	60g		

作法

1 白米洗淨;糙米、黃豆、薏仁隔夜泡水備用。

2 濾乾水,將所有材料放入電鍋內鍋,材料與水比例約 1:1.5,穀物的需水量比白米多,水可視熟度酌量加減,外鍋加入 200cc 水,煮至電鍋跳起,續燜 15 分鐘即可。(圖 1～3)

3 盛盤即可食用。

1

2

3

黑豆排骨湯

月子餐推薦食譜

黑豆明目、解毒、烏髮，巴戟天強筋骨，祛風濕。

材料圖

材料		調味料	
黑豆	70g	米酒	少許
紅蘿蔔	150g	鹽	少許
牛蒡	120g		
薑	5g		
排骨	600g		
巴戟天	16g		

作法

1 黑豆以乾鍋炒裂備用。

2 紅蘿蔔去皮切塊，牛蒡削皮切片，薑切片備用（牛蒡也可以刀背稍稍刮除外皮、擦上白醋）。（圖 1 ~ 2）

3 排骨剁塊，入滾水川燙去除雜質。（圖 3）

4 將所有材料、米酒、1300cc 水（配方外）放入電鍋內鍋，外鍋加入 1 杯水，煮熟，電鍋跳起後加入鹽調味。（圖 4 ~ 6）

1　　2　　3　　4　　5　　6

第3至6週

149

枸杞皇宮菜

材料		調味料	
薑	50g	胡麻油	40cc
皇宮菜	400g	米酒	20cc
枸杞	3g	鹽	少許

作法

1 枸杞泡米酒備用，皇宮菜洗淨切段，薑切片。（圖 1 ～ 3）

2 鍋子加入胡麻油爆香薑，放入皇宮菜炒勻，加入枸杞、米酒、鹽、少許水（配方外）調味炒勻即可。（圖 4 ～ 6）

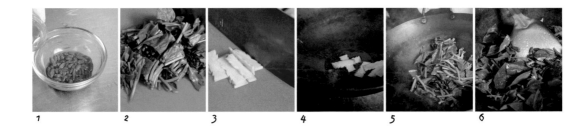

1　2　3　4　5　6

材料圖

材料		調味料	
薑	60g	黑糖	80g
地瓜	300g		

作法

1 地瓜去皮切塊，薑切片備用。（圖 1）

2 鍋子加入薑、2000cc 水（配方外）煮開轉小火，加入地瓜煮至地瓜軟，加入黑糖調
味煮勻即可。（圖 2 ~ 5）

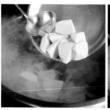

1　　2　　3　　4　　5

花旗玫瑰茶飲

花旗參清肺火，玫瑰花活血暢氣，紅棗補中益氣、養血生津。

材料圖

材料		調味料	
花旗參	6g	水	500cc
玫瑰花	2g		
紅棗	3 粒		

作法

1 所有材料放入保溫瓶，沖入燒滾熱水。（圖 1 ~ 2）

2 蓋上蓋子燜 20 分鐘，即可當茶飲。（圖 3）

1   2   3

材料圖

麻油蛋皮海苔麵線

月子餐推薦食譜

材料		調味料	
麵線	200g	胡麻油	適量
薑	3g	米酒	少許
枸杞	少許	鹽	少許
雞蛋	2 顆		
海苔	1 片		
青蔥	1 支		

作法

1 薑切絲；雞蛋打散煎成蛋皮，切絲備用。（圖 1 ~ 6）

→ 以紙巾在鍋底輕抹一層油，避免油流動亂跑，煎出的蛋皮才會漂亮。

2 海苔以剪刀剪成絲（或切成絲），蔥切蔥花，枸杞泡米酒備用。（圖 7 ~ 8）

3 煮一滾鍋水將麵線煮熟，撈起瀝乾，加入少許胡麻油略拌。（避免麵線黏在一起；圖 9 ~ 10）

4 將煮好的麵線盛盤；以胡麻油爆香薑，加入少許水（配方外）、米酒、枸杞及鹽調味煮勻，起鍋淋上麵線，放上蛋絲、海苔絲、蔥花即可。（圖 11 ~ 13）

1　2　3　4　5　6

7　8　9　10　11　12　13

十全燉豬腳

材料圖

材料圖

材料

人參鬚	6g	茯苓	10g
熟地	10g	甘草	3 片
黃耆	6g	肉桂	5g
白术	10g	紅棗	6 粒
當歸	1 片	生薑	10g
芍藥	10g	豬腳	600g
川芎	3-4 片		

作法

1 豬腳剁好，入滾水川燙去除雜質備用；薑切片。（圖 1 ~ 2）

2 將所有材料與 50cc 米酒（配方外）、1500cc 水（配方外）放入電鍋內鍋，水須蓋過材料。（圖 3 ~ 5）

3 外鍋加入 1 杯水煮至電鍋跳起，外鍋再加入 1 杯水，待第二次跳起時加入適量鹽（配方外）調味即可。（圖 6 ~ 7）

→ 喜歡豬腳較軟的人，外鍋可再加一次水蒸製一次。

材料圖

材料		調味料	
青蔥	1支	沙拉油	適量
薑	5g	鹽	少許
鴻喜菇	50g		
紅蘿蔔	10g		
綠花椰菜	100g		
白花椰菜	100g		

作法

1 綠花椰菜、白花椰菜去除老梗,川燙備用;紅蘿蔔切片川燙,鴻喜菇洗淨川燙。(圖 1 ~ 3)

2 蔥切段,分蔥白、蔥綠備用,薑切片。(圖 4)

3 鍋子加入沙拉油爆香蔥白、薑片,加入鴻喜菇、紅蘿蔔略炒,加入綠花椰菜、白花椰菜拌炒。(圖 5 ~ 6)

4 加入鹽調味炒勻,起鍋前加入蔥綠炒勻,盛盤即可食用。(圖 7 ~ 8)

紫米桂圓粥

紫米補中益氣，健脾養胃，桂圓可補氣血、安神志，枸杞明目滋補肝腎。

材料圖

材料		調味料	
紫米	200g	水	1200cc
桂圓肉	50g	冰糖	60g
枸杞	3g		

作法

1 紫米洗淨濾乾，與桂圓肉、水一起煮滾。（圖 1 ~ 2）

2 轉小火煮 10 分鐘，加入枸杞續煮 20 分鐘，加入冰糖調味，煮勻即可食用。（圖 3 ~ 4）

1 2 3 4

花旗參補氣養陰、生津止渴，麥門冬益胃生津，五味子補腎寧心，益氣生津。

材料圖

材料		調味料	
花旗參	6g	水	1000cc
麥門冬	10g		
五味子	4g		

作法

1 鍋子加入花旗參、麥門冬、五味子、水，煮至水滾轉小火，續煮 30 分鐘。（圖 1 ～ 2）

2 盛起即可食用。（圖 3）

1

2

3

優品文化 Cooking 系列好書推薦

《尋找台灣味》

作者：許志滄
定價：350 元

採用台灣各地好山好水的風味食材，在調味、作法、盤飾呈現有全方面的改良，展現出色、香、味提升的好滋味，更令人有加倍滿足的驚喜感！

《森活好煮藝》

作者：周文森
定價：450 元

涵蓋前菜、沙拉、湯品、肉品、海鮮、義大利麵&燉飯、小點，讓您從前菜一路吃到點心，義式的好味道在家也能完美複刻！

《粵式點心研究室》

作者：蘇俊豪
定價：420 元

每一次都在創新與傳統中掙扎，這是一本不那麼粵式的點心食譜。如何在既有的框架中開闢新的方向？如何讓人接受這樣的改變且愛上這樣的改變？

《兒童營養餐親手做》

作者：梅依舊
定價：420 元

開胃菜、營養早餐、快手午餐、美味晚餐、健康加餐、日常調理餐等117 道簡單易學的兒童營養餐，讓媽媽跟著影片輕鬆學！

《亞莉的懷舊客家菜》

作者：張亞莉
定價：420 元

大灶小灶內的經驗傳承，庶民美食經典再現。這是一本「魂牽夢縈．家的味道」，因而念茲在茲傳承與提升的客家菜食譜。

《古早味海鮮料理》

作者：潘宏基
定價：320 元

108 款家常生猛海鮮料理，主打「家常系海派料理」，在家也能做出海鮮的鮮與甜。道道都令人胃口大開。

《在家做星級宴客菜》

作者：陳楓洲等
定價：380 元

完整公開 80 道精心淬煉的招牌名菜。在留住菜餚魂魄的前提下，最大程度把作法簡化，自己做也吃的到最道地的「中華精神」。

《五星級廚師教你在家做養生料理》

作者：溫國智
定價：320 元

全書以春夏秋冬分出四個篇章，推薦每個季節最當季的食材，再依循節氣設計菜單，力求材料簡單、作法好做、成品好吃。

國防部南亞ROTC專業大學

國防部大學儲備軍官訓練團

全國唯一

正式加入國防部 ROTC

週休二日

週六免上
軍事教育訓練
（改週五）

四年
免住宿費
（額滿為止）

四年
免學雜費

人數最多
同袍互助

每月
1萬2仟元起
生活助學金

最高
2萬4仟元

畢業後
任官月薪
近5萬元起

專業
體能培訓

專業
軍事訓練

每學期
5仟元
書籍費

報名流程

聯絡窗口

李雅馨 老師
專線：0905-511-680
市話：(03) 4361070 分機2102~2105
校址：桃園市中壢區中山東路三段414號

相關規定請參閱ROTC要點與簡章

南亞技術學院
Nanya Institute of Technology
國防部南亞ROTC專業大學

聯絡電話：陳小姐 0939135195

廚藝系師生共同研發

十年磨一劍
澎湖干貝醬3.0

干貝醬
瓶瓶好評
罐罐冠軍

干貝醬的美味
來自於大海豐富的好味道

食用方式：
開封後直接品嚐即可！

營養標示	
每一份量100公克	
本包裝含8份	
	每100公克
熱量	22.0大卡
蛋白質	0.5公克
脂肪	0.8公克
飽和脂肪	0.1公克
反式脂肪	0公克
碳水化合物	7.7公克
糖	1.8公克
鈉	638毫克

品名：六順台味韓式泡菜
成分：辣椒、蒜蓉、大白菜
調味料：辣椒粉、鹽、糖、辣椒醬、
醋、辣油
原產地台灣
內容量：700克
有效日期：90天
最佳賞味期：30天
保存方式：需冷藏

古早味 醬蘿蔔

六順 台味 韓式泡菜

公司名稱：六順商行
公司地址：桃園市龍潭區上林里
中正路84巷8號

過敏原 大豆類製品
不適合其過敏體質食用

Cooking 8

健康月子餐

國家圖書館出版品預行編目 (CIP) 資料

健康月子餐 / 鄭至耀著 . -- 一版 . -- 新北市：優品文化事業
有限公司 , 2021.10 160 面；19x26 公分 . -- (Cooking；8)
ISBN 978-986-5481-16-2(平裝)

1. 食譜

427.1   110015351

作　　者	鄭至耀
總 編 輯	薛永年
美術總監	馬慧琪
文字編輯	蔡欣容
攝　　影	王永泰
協助製作	鄭佳豪、楊詩庭、謝富強、張宏甲
出 版 者	優品文化事業有限公司
	電話：(02)8521-2523
	傳真：(02)8521-6206
	Email：8521service@gmail.com （如有任何疑問請聯絡此信箱洽詢）
	網站：www.8521book.com.tw
印　　刷	鴻嘉彩藝印刷股份有限公司
業務副總	林啟瑞 0988-558-575
總 經 銷	大和書報圖書股份有限公司
	新北市新莊區五工五路 2 號
	電話：(02)8990-2588
	傳真：(02)2299-7900
網路書店	www.books.com.tw 博客來網路書店
出版日期	2021 年 10 月
版　　次	一版一刷
定　　價	380 元

上優好書網

LINE
官方帳號

Facebook
粉絲專頁

YouTube
頻道